上高地の自然誌

地形の変化と河畔林の動態・保全

上高地自然史研究会 編／若松伸彦 責任編集

東海大学出版部

本書は，公益財団法人自然保護助成基金
プロ・ナトゥーラ・ファンド助成を受けて出版された．

Natural History in the Kamikochi Valley
: Physiography, Dynamics and Conservation of Riparian Forests

edited by Research Group for Natural History in Kamikochi (editor in charge : Nobuhiko Wakamatsu)
Tokai University Press, 2016
Printed in Japan
ISBN978-4-486-02106-3

口絵1 河童橋付近から望む岳沢と穂高連峰．この風景は上高地を代表する景色（2008/5/22）．
口絵2 明神上流の梓川の流れ．梓川の水は夏でもとても冷たい（2015/9/2）．

口絵 3　焼岳中腹からの穂高連峰．3,000 m を超え稜線は 10 月になると初冠雪を迎える．秋の上高地はカラマツなどの紅葉も美しく，鮮やか（2005/10/24）．口絵 4　冬の大正池と穂高連峰．冬の上高地では夏の喧騒が嘘のように観光客はほとんどいない（2010/3/1）．

口絵5　梓川（明神-徳沢間）の網状流路の中に生えるケショウヤナギ．梓川は分岐と合流を繰り返し網目状に流れる．上高地を代表する植物ケショウヤナギは流路そばに生える（2009/8/12）．
口絵6　焼岳中腹から上高地谷を見下ろす．上高地は谷幅が広い（最大2km）．広い黄色く色づくカラマツ林（2007/10/28）．

口絵 7　徳本峠からの穂高連峰．釜トンネルが開通する前は島々から徳本峠を越えて上高地谷へと入っていた．（2013/8/7）．口絵 8　槍沢源流から仰ぎ見た槍ヶ岳の頂上．梓川は槍ヶ岳（標高 3180 m）を源とする．特徴的な尖った姿で「日本のマッターホルン」とも言われる．左は北アルプス南部で最大規模（収容人数 650 人）の山小屋の槍ヶ岳山荘（1997/9/3）．口絵 9　常念岳からの涸沢圏谷と穂高連峰．穂高岳には最終氷期に形成された圏谷が数多く存在し，涸沢圏谷は日本を代表する氷河地形の一つ（1997/4/30）．口絵 10　涸沢岳から北穂高岳の稜線．穂高岳の稜線はどこもとても険しく，鎖場や梯子が連続する登山ルート（1995/8/23）．口絵 11　岳沢の流れ．上高地谷でもっとも大きな支流で，常に豊富な水量があるが，流れはとても短く，写真の 100 m 上流から湧水する（2009/8/10）．口絵 12　清水川の流れ．河童橋から上高地ビジターセンターに向かう途中の清水川は水量が安定し多く澄んでいて，周辺施設の飲料水として利用される（2016/5/6）．口絵 13　梓川の網状流路．かつての日本では数多くみられたが，今では姿を消した．上高地谷は「日本における自然の作用」が継続している貴重な地域（2015/9/2）．口絵 14　春先の梓川．水量は季節変動が激しく，明神から徳沢にかけては，冬から春に水流が消える（2008/5/1）．口絵 15　堆積が進む大正池．1915 年の焼岳の噴火による泥流の堰き止めで作られたが，年々上流からの土砂堆積で縮小する（2007/10/28）．口絵 16　河床が土砂によって上昇した白沢．上高地谷の支流から大量の土砂が雪解け後に流れ込む（2003/5/11）．

口絵 17　梓川の河道の中に立つケショウヤナギ．梓川の河道内に大木が点々と生える（2009/10/12）．
口絵 18　ケショウヤナギ林と下又白谷の沖積錐．上高地を代表する地形の一つ（2008/5/24）．
口絵 19　梓川の河道に定着したケショウヤナギの幼樹と壮齢林（2007/10/12）．口絵 20　さまざまな成長段階のケショウヤナギの群落（2007/10/12）．口絵 21　ケショウヤナギの稚樹（2011/8/25）．口絵 22　下又白谷の沖積錐に成立するトウヒ優占林．花崗岩の沖積錐で優占林がみられる（2009/8/11）．口絵 23　沖積錐の谷で埋まるダケカンバ．土砂移動が激しく，しばしば埋没した樹木を見る（2008/5/24）．口絵 24　梓川氾濫原内のヤナギ林と山腹の森林．斜面上部の常緑針葉樹林はダケカンバが点在する（2012/6/2）

口絵 25　上高地を代表する樹木の一つ徳沢付近のハルニレの大木 (2009/5/23)．口絵 26　河畔林内林床のニリンソウ．ヤナギ類の芽吹き前後に，林内を埋め尽くす (2008/5/23)．口絵 27　ニリンソウ．キンポウゲ科の多年草 (2008/5/23)．口絵 28　カミコウチテンナンショウ．カミコウチヤナギ以外で唯一「カミコウチ」の名前が入っている植物 (2009/5/23)．口絵 29　シナノナデシコ．夏の梓川の河道周辺に紅紫色で可憐な花を咲かせる (2008/8/7)．口絵 30　ヤマエンゴサク．ニリンソウとともに春の氾濫原内を彩る (2008/5/24)．口絵 31　ニホンザルの親子 (2008/5/1)．口絵 32　冬のニホンザル．上高地の冬の気温はニホンザルにとってはかなり厳しい (2010/3/1)．
撮影者：若松伸彦 (1, 2, 5, 7, 8, 9, 10, 11, 14, 17, 18, 22, 23, 26, 27, 28, 29, 30, 31) / 高岡貞夫 (3, 24) / 島津 弘 (4, 6, 12, 13, 15, 16, 32) / 石川愼吾 (19, 20, 21) / 川西基博 (25)

はじめに

上高地の魅力と自然の動的なバランス

　上高地といって思い出される風景の代表は，観光パンフレットには必ずといって取り上げられる河童橋や河童橋から見上げた穂高の山々だろう．しかし，有名なそれらの風景だけが魅力的なのではないことがわかるだろう．広い河原の中を流れる梓川，そびえ立つ急な岩壁，岩壁にへばりつくように生えている木々．もし，季節が秋ならば黄色にもさまざまな色があることにも気がつくであろう．正面に見えるすり鉢状の谷の中心には，残雪よりも灰色がかった白い一本の太い線が見え，これは何だろうと疑問に思うかもしれない．もう少し，上高地の中に入ってみよう．林の中を流れる川，さまざまな色の花をつける草，透き通った水をたたえる明神池，上り下りを繰り返す遊歩登山道，登山道から川を見渡すと網目状の流れの中に立つ堂々とした木々が私たちを迎えてくれる．ニホンザルの群れとも遭遇するかもしれない．このような風景はさまざまな自然の作用が長い時間をかけて複雑に絡み合ってできた．自然に関心がある人ならば，このような「上高地ならでは」自然がどのようにしてできたのか，興味をもつだろう．

　美しい光景を眺め，かけがえのない環境を味わうために，毎年，150万人ほどの観光客や自然愛好家が上高地を訪れる．ここにはホテルや旅館など観光施設がたくさんある．観光客の利用の便をはかるために，あるいは，いっそうの安全を守るためにという理由で，自然に対して人工的な改変が加えられて続けている．上高地が国立公園の特別保護地区や，特別名勝・特別天然記念物に指定され，国によって「守るべき自然」と定められている場所であるにもかかわらず，そのような人工的な改変により，風景が破壊され，生物の多様性が損なわれる事態（植物群落や昆虫種の消滅）が生じている．それだけでなく，そのような改変は将来における自然の多様性を消失させるリスクも増大させている．

　いま，梓川の河原に倒れそうな巨木が見える．また，洪水の時に流されてきて積み上がった流木は，ゴミのように見えるかもしれない．ひとたび大雨が降ると水かさは増し，遊歩道が水浸しになったり，道を土砂

が埋め尽くしたり，登山道が削られたりする．木を保護し，流木を取り除き，堤防をつくり，川の位置を変えて登山道を削らないようにするといった，誰もが思いつくこのようなことをすれば美しい上高地の風景が保てるのだろうか．巨木の根元をコンクリートで固めるようなことこそおこなわれていないが，流木の除去や川の流れを変える工事は盛んにおこなわれ，自然に与える影響が危惧される．

　上高地の自然の成り立ちを知り，自然が維持されるしくみを知ることは，自然科学的な探究心による自然科学の発展への貢献だけではなく，上高地の自然を維持するために何をすべきか，何をやってはいけないかを知るためにも重要である．このような理由から，上高地自然史研究会は，1991年から毎年，上高地でさまざまな分野の研究者・学生・社会人が集まって合宿しながらの調査をおこない，唯一無二の上高地の風景がつくられるしくみや人の行為と自然とのかかわりを解明するために研究を続けてきた．その結果，上高地の自然はさまざまなバランスの中で成り立っていて，そのバランスを改変すると，私たちが簡単に思いつくこととは逆の影響を及ぼす場合があることもわかってきた．その成果は合計12冊の報告書として発表してきた．研究会の活動が20年目になった2011年に，これまでの研究成果を一冊の本にまとめる企画がたてられたが，25年の節目にあたって，ようやく刊行に漕ぎつけることができた．

　この本の第一の目的は，上高地を愛する人びと，観光客や登山者，上高地の観光を振興しようとするおもに地元の方々に，私たちの研究成果を理解していただくことにある．この本を読み進めていただければ，自然のさまざまな要素がいかに深く結びつき，どのようなバランスで成り立っているのかという，上高地の自然の奥深さを知っていただけるとともに，上高地ならではの自然や景観が将来的に維持されるためには何をすることが必要なのかをわかっていただけるのではないかと思う．この本が上高地の自然について少しでも考えるきっかけになっていただければ，いっそうの喜びである．

上高地自然史研究会
代表　島津 弘

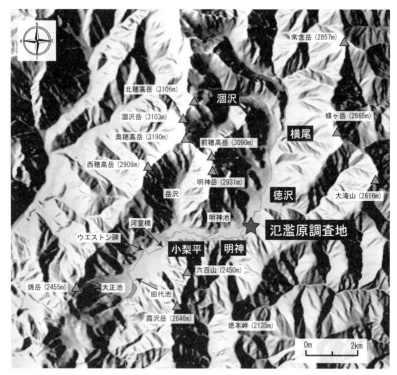

図 上高地周辺の地図．上高地は大正池下流の堰堤から涸沢の入り口である横尾までの梓川沿いの谷底である．上高地の周囲は2500〜3000mの険しい山がそびえているが，横尾までの谷底は一貫して緩い傾斜となっている．大正池から河童橋，小梨平周辺までの道路は完全舗装されており，直下までバスが乗り入れているため，誰もが訪れることができるいわゆる観光地である．小梨平よりも上流は未舗装で徒歩でないとアプローチできないが，明神，徳沢，横尾それぞれにロッジ風の山小屋が営業しており，散策を楽しむ観光客も多い．それよりも上流域は谷底の傾斜も急となり，穂高岳や槍ヶ岳をめざす登山道である．本書の対象地域は上高地全体に及んでいるが，とくに上高地自然史研究会が長年継続して調査研究をおこなっている「明神–徳沢間の氾濫原」に関する記述が多い．

目　次

はじめに　　　　　　　　　　　　　　　　　　　　　　　島津 弘　　ix

第一部　上高地の成り立ち　　　　　　　　　　　　　　　　　　　1

第1章　上高地の地形の成り立ち　　　　　　　　岩田修二　　2
第2章　梓川の地形と水の流れ　　　　　　　　　島津 弘　　19
第3章　上高地谷の植生　　　　　　　　　　　　高岡貞夫　　38
コラム1：上高地は神降地か？―「かみこうち」の漢字表記　岩田修二　58

第二部　地形の変化と植物の動態　　　　　　　　　　　　　　　61

第4章　沖積錐の地形と植生　　　　　　島津 弘・若松伸彦　62
第5章　河畔林と河道植生の動態　　　　石川愼吾・島津 弘　75
第6章　ヤナギ類の生き残り戦略　　　　　　　　石川愼吾　　89
第7章　上高地を彩る草本植物　　　　　若松伸彦・川西基博　102
コラム2：上高地の高山植物　　　　　　　　　　川西基博　124
コラム3：上高地牧場　　　　　　　　　若松伸彦・岩田修二　125

第三部　河畔林の自然を守るために　　　　　　　　　　　　　　127

第8章　厳寒の上高地を生きぬくニホンザル
　　　　―夜間の「泊り場」とその環境選択　　　泉山茂之　128
第9章　破壊される上高地の自然　　　　岩田修二・山本信雄　146
コラム4：ゴミ拾いのアルバイト　　　　　　　　山本信雄　166
コラム5：上高地のあゆみ ―利用と自然保護の歴史をふり返る
　　　　　　　　　　　　　　山本信雄・目代邦康・若松伸彦　168
第10章　上高地の未来を考える　　　　　　　　　目代邦康　174

おわりに　　　　　　　　　　　　　　　　　　　　　　　　　182

事項・生物名索引　　　　　　　　　　　　　　　　　　　　　184

著者紹介　　　　　　　　　　　　　　　　　　　　　　　　　188

第一部
上高地の成り立ち

　長野県西部に位置する上高地は日本有数の山岳景勝地である．槍・穂高連峰を中心とした 3,000m 級の北アルプスの険しい山々，広い河原の中を流れる梓川，河原に広がるケショウヤナギなどの森林．上高地の景観は国内外から訪れる人々を魅了してやまない．ここでは上高地の景観を形づくる山々や谷がどのようにして作られたか，上高地の魅力の一つである梓川をはじめとした川の水がどのような動きをしているか，そして上高地のさまざまな植生について紹介する．

第 1 章
上高地の地形の成り立ち
岩田修二

地形の成り立ち

　この章では，この本の舞台である上高地という場所がどのようにしてできあがったのかを，上高地を取りまく山やま，槍・穂高連峰と蝶ヶ岳から大滝山への連峰（常念山脈）と，上高地の谷そのものの成り立ちを地形や地質から読み解く．

　山や谷の成り立ちは，しばしば構成している岩石や地質の形成と混同されるが，ここで取りあげるのは，山と谷という地形の成り立ちであり，それは地形変化の過程やしくみを時系列でみるということである．これは発達史地形学（貝塚，1998）と呼ばれる地形の歴史的見方である．したがって，まず時間の枠組みを理解しておく必要がある．現在の上高地の地形と直接関係するのは，図 1-1 の右側の時代枠に示したように，地球史の最後の地質時代，第四紀[*1]である．第四紀は，46 億年という地球の歴史の最後の一瞬であるが（図 1-1 の左側），人類にとっては十分に長い時間である（ヒト科の先祖アウストラロピテクスに注目）．すべての歴史に共通なように，時代を遡るほど情報は失われてしまい，説明できることはどんどん少なくなる．260 万年前から始まる第四紀ですら，古い時代の情報はきわめて断片的にしか残っていない．断片的ではあるが，上高地でおこった出来事のいくつかはこの編年の図に記入してある．

　中部山岳または中央高地に含まれる飛騨山脈の，上高地の周囲を取りまく山やまは，富士山をのぞけば日本でもっとも高い山やまである．高いだけではなく，とくに槍・穂高連峰はゴツゴツした岩山からなる険しい，ヨーロッパのアルプスのような山容をしていることから登山者にと

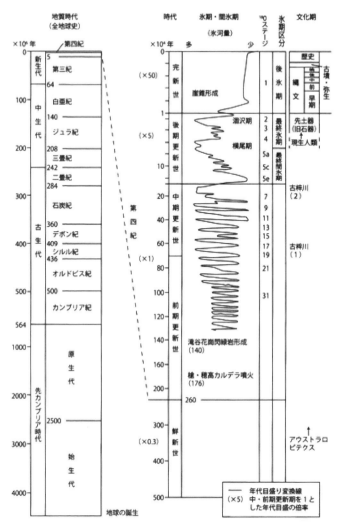

図 1-1 地質時代（全地球史）の時代区分と年代と，最近の 500 万年における槍・穂高連峰と上高地にかかわるイベントと地形形成環境の変化．時間目盛が変化することに注意（岩田，2010）．

ても人気がある．このような高く険しい槍・穂高連峰がどのようにして形成されたのか．それが，最初の問題である．

一方，梓川をはさんで槍・穂高連峰と向かいあってそびえる常念岳・

蝶ヶ岳・大滝山の連山（常念山脈）は，とくに上高地から眺めると，槍・穂高連峰にくらべてなだらかな女性的な山容の山脈である．なぜ，常念山脈はゴツゴツした険しい姿にならなかったのだろうか．これが第二の問題である．

　はじめて上高地を訪れた登山者や観光客が驚くのは，狭い谷間を縫うように走ってきたバスが釜トンネルをぬけてカーブを曲がったとたんに展開する広い谷の光景である．この広い谷は，とくに谷床（谷底の平らな部分）が広いのが特徴で，広い谷床はずっと上流の横尾付近まで続く．しばしば，上高地盆地とも呼ばれる，この広い谷はどうして形成されたのか，それが第三の問題である．

　上高地の地形も，世界のすべての山地地形とおなじく，氷期・間氷期の環境変動の中で変化してきた．最後にこの問題に触れる．

槍・穂高連峰の形成

　アルプス型の岩山である槍・穂高連峰が火山（であった）というと驚かれるかもしれない．アルプスやヒマラヤのような高く急峻な山やまは，海底に堆積した岩石や地下で固まった花崗岩が隆起してできたことはよく知られている．日本アルプスと呼ばれてもっともアルプス的な山容の槍・穂高連峰が火山とは！　日本の代表的な火山，富士山や阿蘇山，大雪山とはまったくちがう形をしているではないか，と疑わしく思われるかもしれない．

　しかし，槍・穂高連峰の中軸部分を構成している岩石は，溶結凝灰岩[*2]や閃緑斑岩，凝灰角礫岩という，れっきとしたとした火山から噴出した岩石である．槍・穂高連峰が火山であることを発見したのはクライマーでもある地質学者原山 智である．学生時代からの地質調査によって詳細な地質図（原山，1990）を完成し，槍・穂高連峰と霞沢岳の主脈が，第四紀の初期の176万年前に形成された細長い火山カルデラ（コールドロンとも呼ばれる）の内側に堆積した岩石（カルデラ埋積火山岩類）から形成されていることを明らかにした（原山，2014；図1-2）．上高地の中心部もカルデラ内部に位置することになる．

　槍・穂高連峰が火山であることは，槍・穂高連峰の地質構造断面図

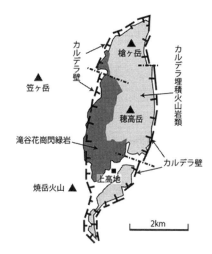

図1-2 176万年前に形成された槍穂高火山のカルデラ内の岩石.カルデラ埋積火山岩類とは前穂高溶結凝灰岩類や南岳凝灰角礫岩など.滝谷花崗閃緑岩はカルデラ底で固結して形成されたもの(原山・山本,2003 による).

(図1-3)によっても理解できる.火山岩類からなる槍・穂高連峰の頂上部の下には滝谷花崗閃緑岩[*3]があり,その下には,さらに大きな花崗岩体と,まだ固まっていない熱いマグマが存在する.熱く未固結のマグマはまわりの岩石より軽いので,浮力が働き地表部を押し上げて山体を隆起させる.槍穂高火山の活動以前から,飛騨山脈は,太平洋プレートが西に向かって動くのに押されて山脈中軸の下に逆断層ができ,逆断層の東側がずり上がるように隆起してきた.火山体の隆起と,山脈全体の隆起が重なり,隆起はカルデラ形成以後も長く続いた.この隆起によって,外輪山や周辺の地層は侵食されて失われ,カルデラ内の火山岩類が海抜3,000メートルにまで押し上げられた.

一連の地質調査の結果から,原山は飛騨山脈(北アルプス)の地質構造や山脈の成り立ちを解明し(原山,2005),登山者向けの解説書兼野外見学ガイド(原山・山本,2003)も出版した.くわしい説明はこれらを参照されたい.

槍穂高火山が隆起する過程で,山体の大部分が侵食されたのに,現在の槍・穂高の山稜部はなぜ侵食から免れて高いまま残ったのであろう

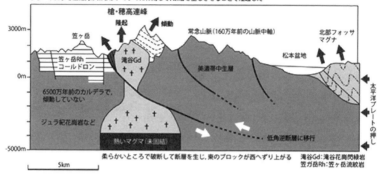

図1-3 槍・穂高連峰の隆起が傾動隆起であることを示す東西地下断面模式図．
隆起は滝谷花崗閃緑岩の貫入による浮力と太平洋プレートの押す力に
よる低角逆断層によっておこった（原山・山本，2003による）．

か．この疑問は，穂高岳にはなぜ立派な岩壁があるのかという疑問とも関連している．

　槍・穂高連峰を作っている火山岩類は，均質で堅く，物理的変化や化学的変化で変質すること（風化作用）に対する抵抗力が強い．さらに岩盤に形成される割れ目（節理）が少なく（割れ目の間隔が広い），岩盤は大きなブロックに割れる．大きなブロックは，凍結作用（後述）や，わずかの降雨や水流では動かされにくい．結果として，隆起にともなって下方に運搬される岩屑の量は少なくなり，侵食されにくく，高度を維持することができたということになる．しかも，穂高岳を構成する岩石は角ばったブロック状に割れるため，割れ目に沿ってはげ落ちるように落下を繰り返し，急な岩壁が形成されたと考えられる．さらに，これには，第四紀に繰り返しおこった氷期の氷河作用も関係しているが，それは後で述べる．

常念山脈のなだらかさ

　梓川をはさんで槍・穂高連峰の東側にある常念山脈は，森林に覆われたなめらかな山腹がのびやかなカーブを描いている．日本アルプスの多くの山やまとおなじ形の山脈である．常念山脈は，おもにプレート運動

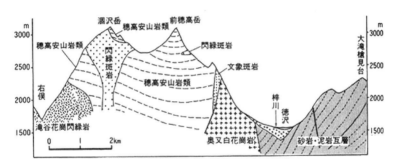

図1-4 穂高連峰と常念山脈の地形・地質断面（図3の一部を拡大した）．蒲田川右俣・滝谷出合―涸沢岳―前穂高岳―徳沢―大滝槍見台を結んだ線に沿った断面．地質は原山（1990）による（岩田，1997）．

にともなう飛騨山脈全体の隆起にともなって隆起してきた．現在の高さは2,800〜2,600mで3,000m級の槍・穂高連峰よりかなり低いが，原山は，槍穂高火山の形成以前には常念山脈が飛騨山脈南部の主脈（分水界）を形成していたと考えている（図1-3）．常念山脈は，美濃帯と呼ばれる中生代の堆積岩層からできており，明神の上流の左岸歩道の右手の崖ではグニャリと褶曲した地層を観察することができる．

上高地側から見ると，常念山脈はなだらかな尾根を連ねていて岩壁はまったく見えない．隣どうしにある槍・穂高連峰と常念連峰とこの山の形の違いはなぜだろうか．この違いは，両者の地質の違いに起因すると考えられている．ブロック状に大きく割れる火山岩類からなる槍・穂高連峰主脈とちがって，常念山脈の北部は風化されやすい奥又白花崗岩，その南の蝶ヶ岳から大滝山にかけては砂岩・泥岩互層の堆積岩からなる（図1-4）．奥又白花崗岩はバラバラと細かな粒状礫に分解し，砂岩・泥岩互層は細かい割れ目にそって細い破片になる．細かく割れた礫や岩片は凍結作用や，わずかの雨や水流でも運搬されやすく，その結果，常念山脈では侵食が進み，なだらかな山容になったと理解されている．細粒な岩石では風化も著しく，土壌が発達し，森林の生育にも好都合である．

つまり，岩質の違いによる基盤岩の割れ方の違いが，岩石が削られていく過程で岩壁の多い急で高い山と，岩壁がない穏やかな低い山とをつくったといえよう．一方，常念山脈の隆起は，マグマの浮力も加わった槍穂高火山の急激な隆起には追いつかなかった．しかし，常念山脈と

槍・穂高連峰の山頂高度の200〜300 mの違いの原因に対して，隆起速度の違いと，岩質の違いによる侵食速度の違いとのどちらがより寄与しているのかは未解決の問題である．

焼岳火山の形成と梓川の流路変更

　上高地の範囲は広く見ると，大正池の堰堤付近から横尾付近までの梓川沿いの谷底部分といえよう（図1-5上）．谷はほぼ南北方向に走っているが，明神橋から田代橋あたりまでは，ほぼ東西方向である．上高地の中心地，多くの観光客で賑わう，梓川にかかる河童橋から下流方向をみると，焼岳火山が梓川の流下する方向に立ちはだかり，流れの行く手をふさいでいるようにみえる．もし焼岳がなければ梓川は南西方向へと飛騨側に流れていたかもしれないと思わせる．前節で述べた常念山脈が飛騨山脈の主脈であった頃には，梓川の先祖は，常念山脈の西側を流れ，飛騨側に流下していただろう．

　かつての梓川が，飛騨側の高原川に流れこんでいた可能性を最初に指摘したのは加藤鉄之助で明治42年のことである（加藤，1912, 1913）．その後，80年ちかく経って，平湯温泉の南西で，60〜70万年前に噴出した上宝火砕流に埋められた河川の砂礫層が発見され，礫の並び方や礫種の分析によって当時の河川の源と流下方向が確かめられ，梓川の祖先がこの礫層を堆積させたものであることがわかった．つまり，およそ60万年前以前には梓川が飛騨側へ流れていたことが明らかになった（原山，1990；植木ほか，1998）．この頃の梓川（図1-5上の古梓川（1））は，流量が多く，広い谷を流れ，平湯あたりから西南西に直接高山盆地に流下していた（田村・山崎，2000）．その後，上宝火砕流の噴出によって流路を遮断された梓川は，西北に流路を替え，高原川に流入したと考えられる（図1-5上の古梓川（2））．そのときの谷地形が安房トンネル工事のボーリングによって発見された．この谷は，焼岳火山群の白谷山の地下の海抜1,100メートル付近を東西方向に走る（図1-5下）．しかし，それは，焼岳火山群の最初の噴火である大棚溶岩・岩坪谷火砕岩（9〜13万年前）や割谷山溶岩（7万年前）によって埋められた（及川，2002）．その結果，飛騨側へ流れていた梓川は信州側へ流れを変えた．

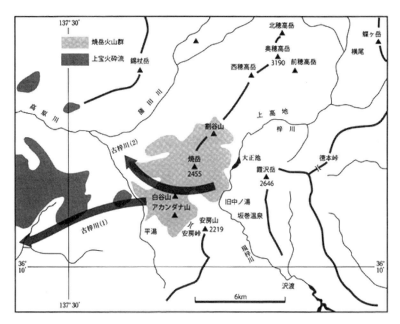

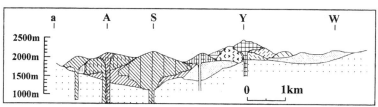

図1-5 上：上高地と焼岳火山群，上宝火砕流と，推定される古梓川の流路．古梓川（1）はおよそ60万年前以前，古梓川（2）は10万年前頃に存在した（岩田，2006）．下：焼岳火山群の地質断面と基盤の地形．基盤地形は安房トンネル工事のボーリングデータによってあきらかになった．安房峠（a）・アカンダナ山（A）・白谷山（S）・焼岳（Y）・割谷山（W），高さ：距離＝1：1（及川，2002）．

　その過程を推定すると，まず，新しい火山の形成によって，古梓川（2）が塞き止められ，おそらく湖ができ，次に，それが南にあふれ出して谷を刻みこんだと思われるが，湖の証拠はない．その場所（旧中ノ湯の南側）には，かつて霞沢岳と安房山とをつなぐ尾根があったと推定される．南側に流れ出した時代は，下流の河岸段丘地形の古さからみて7〜8万年前まで遡ると考えたいが，原山（2007）は白谷山の噴火（2万

第1章　上高地の地形の成り立ち —— 9

6000年前)頃と考えている．尾根があったと推定される部分での現在の梓川の谷底高度は1,200メートル，安房山側の谷壁の高い位置(1,400〜1,540 m)に存在する緩斜面は，湖があふれ出した頃の河床を示す河岸段丘のなごりである可能性が高い(植木・山本，2003；星野・植木，2004)．7万年前から2万6000年前まで4万年以上，焼岳火山群は活動を休止した(及川，2002)．この間，梓川は現在の位置に固定され，中ノ湯の南側から上流へ，現在の上高地へと深い谷を掘り下げ，それは横尾付近まで達した．

上高地の谷底が広いわけ

上高地の地形的特徴は，上高地盆地と呼ばれるほどの幅広い谷から構成されていることである．谷床には河岸段丘もなく平らな谷底が広がっている．河岸段丘になっていない平らな谷床は，豪雨のときには全面的に，あるいは部分的に川の流れに覆われるので氾濫原と呼ばれる．ほとんど植生のない河原部分も，森林に覆われた部分も，浸水の可能性がある部分は氾濫原である．

現在まで継続する新期焼岳火山群の活動は2万6000年前から始まった(及川，2002)．そのために大正池と旧中ノ湯の間で梓川はふたたび塞き止められ，その結果，上流部の谷に砂礫が堆積し，現在の広い河原が形成されたと想像できる．実際に大正池から上流の谷底には厚い砂礫層の存在が確認されている．大正池のすぐ上流でおこなわれた重力探査では最深部は500 mに達するという結果が得られた(赤松ほか，2004)．明神上流で弾性波探査をおこなった結果によると，砂礫層の厚さは110〜210メートル以上ある[*4]．この砂礫層の実態を明らかにするために原山 智の研究グループは大正池付近でのボーリングや，大正池から明神付近までの微動アレー探査[*5]をおこなった．その結果によると，1万2000年前に「古上高地湖」という大きな湖が塞き止めによって形成され，その後，砂礫で埋積され，砂礫層の厚さは大正池付近で300 m，明神付近で100 mに達することが明らかになった(原山・河合，2013；図1-6)．この塞き止めの原因は，焼岳からの火山泥流・土石流であったが，ほかに西穂高岳からの大規模崩壊(深層崩壊)による影響があっ

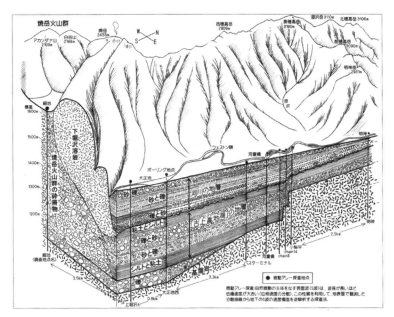

図 1-6　微動アレー探査から推定された上高地谷を埋める礫層の断面．古上高地湖に堆積した砂礫泥層の上に，河川による砂礫層が載ると解釈されている（原山・河合，2013 の図 5）．

たかもしれない．八右衛門沢の扇状地末端や，中の瀬から田代池にかけて存在する高さ 5～10 m の流山群がその証拠である（千葉，1969；長岡，1990；苅谷・松四，2014）．現在，大正池ダムの下流の釜ヶ淵堰堤から中ノ湯までが急でせまいゴルジュになっているのは 4000 年前に噴出した下堀沢溶岩とそれにともなう火砕流（及川，2002）が梓川まで達したためである．つまり，現在の上高地谷床の平坦面は，最終氷期の終わり頃に形成された「天然砂防ダム」の上流にその後（つまり完新世）に堆積した土砂堆積地である．したがって，上高地の河床勾配はずっと下流の稲核ダムの下流区間よりも小さい．この上高地内の梓川の河床（河原）の表面礫の粒径は，山間の渓流としては例外的に小さく粒の大きさがそろっている（淘汰がよい）．その原因は，支谷出口の沖積錐の存在と関係するが，それは次の第 2 章で説明される．

図1-7 常念山脈蝶ヶ岳から見た槍・穂高連峰東面の氷河地形．槍の穂先の下に槍沢の圏谷があり，その下流には槍沢の氷食谷（U字谷）が見える．左側の谷は横尾の氷食谷（U字谷）．その上流の左側は大キレット圏谷，右側は南岳圏谷（撮影：岩田修二）．

最終氷期の環境と地形の形成

　図1-1に示したように，第四紀をとおして地球には氷期と間氷期が繰り返し訪れ，氷期には温帯や熱帯の山岳にも広く氷河が発達した．その最後の氷期である最終氷期寒冷期の上高地は現在とは非常に異なった環境であった．氷河が発達し，槍・穂高連峰の高所は広く氷河に覆われ，上高地の谷底付近に森林限界があった．それに対して，常念山脈では東面が部分的に氷河に覆われたが，上高地側には氷河はほとんど分布せず，万年雪をまとった部分とむき出しの露岩帯や砂礫帯であったと想像できる．

　6万年前頃の横尾期（図1-1）には，とくに氷河が拡大していた．槍ヶ岳からは槍沢の一ノ俣谷出合いまで，穂高岳からは横尾谷の出口近くまで谷氷河が流下し，氷食谷（U字谷）をつくった（五百沢，1979）．槍沢はわが国ではもっともりっぱな氷食谷である（図1-7）．横尾谷の出口近く（かつては岩小屋があった）や，二ノ俣谷・一ノ俣谷出口には大きなモレーンが形成された．前穂高岳東面の奥又白谷・中又白谷や南面岳沢の岩壁には急な懸垂氷河が形成され，下部には岩屑被覆氷河が形成されていたであろう．横尾期の氷河拡大は大きかったが，大関（1916）

が推定したような，河童橋まで氷河が流下したことを示す証拠はみつかっていない．

　その後，氷河は縮小し，3～2万5000年前の涸沢期の最盛期（図1-1）には，氷河は谷の奥の高所の圏谷*6の内部や山腹斜面，谷の源頭部だけに形成される状態になった（岩田，2003）．しかし，涸沢圏谷や大キレット（切戸）圏谷，槍沢圏谷などの立派な圏谷地形を残した．涸沢期末の氷河末端は後退途中に停滞・小前進を繰り返し複数列のモレーンを圏谷の下流端付近（敷居と呼ぶ）や内側に残した．

　氷河氷の侵食作用は氷河谷を幅広く効果的に削るので，圏谷の壁や氷食谷の谷壁は基部を侵食され急な岩壁になりやすい．急な山腹斜面に貼りついた懸垂氷河も斜面を一層急にする．穂高岳に急な岩壁が多い理由は，岩質の影響でもともと急であったのに加えて，氷河の侵食作用が影響しているのである．

現在（完新世）の地形の変化

　氷期の終焉の温暖化にともなって，上高地周辺の氷河も1万5000年前くらいになると急激に縮小した．氷河が急速に消滅すると氷に支えられていた急な岩壁は力学的バランスが変わって崩れやすくなる．さらに温暖化によって永久凍土*7が融解すると，凍りついていた岩石の割れ目がゆるんで崩壊や落石が頻発する．このような環境変化によって氷期から間氷期（完新世・後氷期）に移り変わる時期に槍・穂高連峰では岩盤崩壊・岩なだれ・落石などが頻発した．これらによって作られた地形は，それらの地形変化の原動力が重力なので重力地形，あるいは，岩盤や岩塊など塊（マス）で移動するからマスムーブメント地形ともいわれる．天狗原圏谷に散乱する巨大な岩塊は，背後の南岳の尾根の一部が崩壊した凝灰角礫岩である．

　氷期が終わると日本アルプスは梅雨や台風の影響をうけるようになり降水量も増した．圏谷背後の岩壁や，頂上のまわりの岩壁から落下した岩屑は圏谷底や氷食谷の底，谷壁途中の緩斜面に積み重なって崖錐を形成する．氷期が終わって温暖化した現在でも，槍・穂高連峰の高所では真夏以外には地面や岩壁が凍結・融解を繰り返す．それによって落石や

小規模な崩落が頻発し，圏谷壁・氷食谷壁脚部の崖錐は現在でも形成され続けている．

　槍・穂高連峰の山稜部のほとんどの部分はギザギザした岩稜になっているが，中岳から南岳まで間のように稜線西側がゆるやかで平滑な砂礫斜面になっている場所もある．常念山脈では，稜線の西側斜面はなだらかな砂礫斜面になっている．そのような場所は風あたりが強く，冬でも積雪は非常に薄く，そのため凍結の影響を強くうけて，砂礫は不安定である．斜面表層部の砂礫は，凍結と融解の繰り返しが引き起こす，ゆっくりとした斜面下方への移動（クリープ）によって条線土などの構造土[*8]をつくる．一方，西側斜面から吹き飛ばされた雪は東側斜面に堆積し，二重山稜の底や圏谷底に，夏まで残る雪田や雪渓をもたらす．夏まで残る雪田や雪渓は，多雪な日本アルプスを特徴づける景観であるし，雪による地形変化をもたらしている．このような現在の山地高所では，凍結作用や積雪の作用が引きがねとなる地形変化が卓越しており，それらはまとめて周氷河作用[*9]と呼ばれている．

　上高地で調査を始めた頃（1990年代初頭）には，筆者は，完新世における上高地の地形変化は比較的穏やかだったと考えていた．谷床に大規模な崩壊堆積地形がみられないことや，1969年8月に飛騨山脈各地でおこった集中豪雨のときにも，北隣の高瀬川流域では甚大な被害があったのに，上高地では登山客が閉じ込められはしたが，大きな災害はなかったからである．ところが，上高地の谷床やその周辺にも多くの崩壊の堆積地形や堆積物があることがわかってきた（苅谷・松四，2014）．苅谷がまとめた分布図を示す（図1-8）．5節で述べた中の瀬から田代池にかけての丘群（千葉，1969；長岡，1990），田代橋付近の玄文沢からの岩塊，河童橋付近の岩塊群と流山（原山，2008），岳沢の巨岩の堆積，明神池のまわりの巨岩群などはみな大規模な崩壊によって堆積したと考えられる．徳沢上流の新村橋の両岸，弁天沢と奥又白谷沖積錐上の岩塊堆積物は，かつてはモレーンと考えられたこともあったが，完新世の6000年前頃におこった大規模な岩屑なだれの堆積物であることが判明した（苅谷，2014；苅谷ほか，2014）．これらの中には梓川を塞き止めるほど大規模なものもあったが，本流の砂礫層に埋められて目立たなくなっていたのであった．このような崩壊や岩屑なだれの発生の引きがね

図1-8 上高地における岩盤崩壊堆積物の分布とその発生源
（苅谷愛彦原図2016年）.

が何なのか，集中豪雨なのか地震なのかはまだ明らかではない．しかし，これらは上高地の地形もどんどん変化していることを思い知らせてくれた．

　常念山脈側からの大規模な崩壊堆積物の証拠はまだ発見されていないが，山脈の上部には崩壊前兆現象である割れ目（線状凹地や多重山稜）や岩盤クリープによるシワのような微起伏がみられるし，支谷沿いの渓岸崩壊や支谷からの小規模土石流はひんぱんに発生している．明神上流の左岸歩道の古池付近では沖積地の森林内に樹木の根本を埋める土石流がしばしば発生している．奥又白花崗岩からなる，明神下流の下白沢のように，流域上部の山腹に多数の表層崩壊があり，治山堰堤を越えて下流に土石流をさかんに流下させている例もある．

　上高地の地形変化速度の観測と見積りは喫緊の課題であろう．

地形の変化は止まらない

　現在，上高地の流域内にある槍・穂高連峰は落石や崩壊によってゆっくりだが確実に解体されつつある．支谷の沢筋での渓流侵食や土石流も山を削り取る．常念山脈でも西側斜面上部では毎年の周氷河性クリープ

によって，下部では小規模な土石流によって，地形が変化している．隆起が始まった瞬間から，山地では侵食（山地の解体・開析）が始まる．これは山岳の宿命である．その結果，山麓や流域下部には土砂が堆積する．これは山間を流れる河川では避けることができない運命である．さらに槍・穂高連峰の氷河地形の内部や岩壁基部には氷期の遺産である莫大な量の岩屑が（モレーンや崖錐として）滞留している．それらはゆっくりと下流へと運び出される．このような山岳の地形変化は，長い時間スケールでみると，砂防工事や河川工事によっても防ぐことはできない．とくに高さが高く，雪氷の影響を強くうける槍・穂高連峰の高所（森林限界以上）や沢筋での削剝（落石や崩壊，クリープによる地形変化）や侵食は植林や緑化による治山が実施できない．もし，山体の隆起がまだ続いているとしたら，山が低くなる可能性も少ない（そんな長期間は待ちきれないが）．したがって，上高地の谷床への土砂供給環境は長期間維持され，河床への土砂の堆積はいつまでも続く．

注
*1 第四紀：現在から260万年前までの最後の地質時代．人類の時代とも氷河の時代ともいわれる．
*2 溶結凝灰岩：火山噴火によって噴出した火砕流の灰かぐら（灰を含んだ煙）が堆積し，それが高温のためいったん融解し，その後固結した岩石．
*3 滝谷花崗閃緑岩：槍穂高火山のカルデラの底にあった地下のマグマだまりがゆっくりと固結してできた花崗岩類の一種．固結した時期は140万年前．
*4 建設省松本砂防工事事務所による地下水調査の報告書：1993（未公開）による．
*5 微動アレー探査：地下の微震動の伝播性状から地下の物質構造（S波速度構造）を推定しようとする探査．
*6 圏谷：ドイツ語ではカール，世界的にはサークと呼ばれる谷の源頭にできる氷河で侵食された半円形の谷．古くからの和語では「まや」「まやくぼ」という．
*7 永久凍土：数年以上にわたって「地中温度が0℃以下の部分」と定義される．そこでは土壌中・地中の水分が凍る．現在の日本では大雪山・富士山・立山などだけに局部的に存在するが，最終氷期には広い範囲に分布していた．
*8 構造土：英語ではパターンドグラウンド（模様地面）と呼ばれる．繰り返しおこる凍結と融解によって礫と砂泥とがふるい分けられ地表面に幾何学的な模様ができる．あるいは，土壌凍結による収縮割れ目による幾何模様や不規則な凍上や沈下による微地形も含まれる．
*9 周氷河作用：周氷河作用が卓越するのは，森林限界またはハイマツ帯より高い部分で，年中雪氷に覆われる地帯の下限線（雪線）までの範囲である．凍結作用や風，積雪などの作用が強く働く．周氷河帯と呼ばれ，高山帯と同じ意味で

使われる場合がある.

文献

赤松純平・諏訪浩・市川信夫・駒沢 正 2004．重力異常と脈動特性からみた上高地盆地焼岳山麓の基盤構造．平成15年度京都大学防災研究所研究発表講演会：www.dpri.kyoto-u.ac.jp/web-j/happyo/04/p48.pdf

千葉徳爾 1969．上高地田代池付近の小丘群について．東北地理, 21 (2)：90-94.

原山 智 1990．上高地地域の地質，地域地質研究報告（5万分の1地質図幅），地質調査所．

原山 智 2005．日本の屋根，中部山岳地帯の成立プロセス．アジアの地震・火山活動の原点を探る—50万年前に何が起こった—：断層研究資料センター第3回地質学教養セミナー，20-34.

原山 智 2007．上高地物語—その3「梓川の流路変更と上高地の生い立ち」（つづき）．山岳科学総合研究所ニュースレター，第6号：5ページ．

原山 智 2008．上高地物語—その5「河童橋はなぜここに架けられた？」—．山岳科学総合研究所ニュースレター，第9号：5ページ．

原山 智 2014．北アルプスをつくった大噴火——槍穂高カルデラとは．科学, 84：69-73.

原山 智・山本 明 2003．『超火山［槍・穂高］地質探偵ハラヤマ北アルプス誕生の謎を解く』山と渓谷社．

原山 智・河合小百合 2013．上高地の過去12000年間の自然環境．『上高地・槍・穂高地域における自然環境の変動と保全・適正利用に関する総合研究』11-24．信州大学山岳科学総合研究所．

星野安治・植木岳雪 2004．長野県西部，梓川上流部セバ谷右岸の段丘面構成層から産出する材化石の樹種同定．上高地自然史研究会研究成果報告書, 9号：30-33.

五百沢智也 1979．『鳥瞰図譜＝日本アルプス』講談社．

岩田修二 1997．『山とつきあう』岩波書店．

岩田修二 2003．日本アルプスにおける最終氷期の重力地形・氷河最拡大期・山岳永久凍土．第四紀研究, 42：181-193.

岩田修二 2006．上高地の地形．町田 洋・松田時彦・海津正倫・小泉武栄（編）『日本の地形 5 中部』217-218．東京大学出版会．

岩田修二 2010．槍・穂高連峰と上高地の自然史．高木 誠『氷河の消えた山』122-134．東京新聞出版部．

貝塚爽平 1998．『発達史地形学』，東京大学出版会．

苅谷愛彦 2014．上高地・徳沢で発見された大規模崩壊の痕跡．山から始まる自然保護（山の自然学クラブ会報），13号：59-65.

苅谷愛彦・松四雄騎 2014．細密地形データからみた上高地の崩壊地形．地図中心，502号：10-13.

苅谷愛彦・高岡貞夫・原山 智・松崎浩之 2014．上高地・奥又白谷で完新世にくり返し発生した岩石なだれ．日本地理学会発表要旨集, 85号：189.

加藤鉄之助 1912．硫黄岳（焼岳）火山地質調査報告．震災予防調査会報告（震災予

防調査会報告編），75 号：27-73．
加藤鉄之助 1913．硫黄岳（焼山）火山．地学雑誌，25：755-768．
長岡信治 1990．流れ山と幻の湖．上高地自然解説マニュアル，上高地ビジターセンター．
大関久五郎 1916．梓川上流上高地盆地四近の地形に就て．地質学雑誌，23：55-67，101-110，145-157，189-206，223-236．
及川輝樹 2002．焼岳火山群の地質─火山発達史と噴火様式の特徴─．地質学雑誌，108：615-632．
田村糸子・山崎晴雄 2000．上宝火砕流の流下による飛騨地方の大規模な地形変化．月刊地球，22：693-698．
植木岳雪・山本信雄 2003．長野県西部，梓川上流部の段丘面群構成層から産出する材の ^{14}C 年代．第四紀研究，42：361-367．
植木岳雪・岩田修二・塚本すみ子 1998．岐阜県上宝村福地に分布する下部更新統福地凝灰角礫岩のファブリックと礫種組成．第四紀研究，37：411-418．

第2章

梓川の地形と水の流れ

島津 弘

　この章では，上高地を流れる梓川の地形と土砂と水の流れというテーマで，上高地谷の中で起きる河川がかかわる土砂移動現象や河川を流れる水の特徴について，地形や堆積物，水の流れや性質から読み解いていく．第1章で述べたように広い谷底がつくられた上高地谷で，現在起こっている現象が対象である．まずは梓川の特徴を知るために，上高地の範囲を少し越えて，松本盆地までの梓川全体をみていく．

梓川の地形

　川を科学的に語る際，水も土砂も上流から下流へ向かって移動するため，源流から話をはじめる必要がある．しかし，穂高岳や槍ヶ岳の稜線から下ってくる登山客をのぞけば上高地を訪れる多くの人は，たいてい松本盆地から梓川を遡りながら，上高地へとたどり着く．岐阜県側から来た人も，上高地への入口である中ノ湯から梓川を遡ることになる．そのようなことから，まずは松本盆地から遡りながら梓川の地形について述べていく（図2-1）．

　梓川としての終点は松本盆地の北東側の奈良井川との合流点で，松本駅の5km北にある松本クリーンセンター（ゴミ処理施設）脇である．ここで，梓川は犀川と名前を変え，長野盆地の川中島で千曲川に合流し，日本一の長さを誇る信濃川として日本海に注ぐ．

　梓川の下流は扇状地の区間である．扇状地は川が山間部の谷から開けた平野や盆地に出るところに形成される扇形に開いた平面形をした地形である．長野県側からの上高地への玄関口である松本電鉄の新島々駅付近が，ちょうど扇の要の位置にあたる扇頂と呼ばれる場所である．扇状

図2-1　梓川と河床の礫（A：横尾，B：徳沢－明神間の継続調査地，C：大正池入口，D：釜トンネル横，E：波田，F：奈良井川合流点）．

　地上での梓川の流路は，扇頂付近の硬い岩盤を刻み込んで流れているところを除き，河原や中州がみられ，複数に分流した網状流となっている（図2-1 E, F）．[*1]

　扇頂から上流は深いV字谷へと入る．両岸の斜面はとても急峻である．川に沿って遡る国道はその中腹につくられている．扇頂の少し上流から沢渡までの区間には，東京電力の大きな安曇三ダム（稲核(いねこき)ダム，水殿(みどの)ダム，奈川渡(ながわど)ダム）がつくられている．ダム湖が連続しているため，梓川の河床をみることができない．沢渡には谷底との比高が10〜20 mの河岸段丘がみられる．その段丘面上には，集落や上高地へ乗り入れることができない自家用車のための駐車場がつくられている．

　沢渡から上流，中ノ湯へ向かって谷の幅はさらに狭くなり，河川の蛇行も激しくなる．第1章で述べられた，梓川の流路が岐阜県側から長野県側へ変更した際に下刻されて新たに形成された谷に相当する場所である．この区間には，沢渡付近でみられる河床との比高が小さい河岸段丘とは異なり，谷底から200 m程の高い位置に段丘と考えられている地形がみられる（第1章；植木・山本，2003他）．

　中ノ湯から上流の梓川は国道を離れ，県道上高地公園線に沿っている．中ノ湯のすぐ上流，釜トンネル脇の梓川は，狭い谷底に大きな岩が折り重なるように堆積した，勾配が急な川である（図2-1 D）．水量は多いものの，これぞ川の源流という風景をしている．ふつうの日本の河

川の場合，このような急な斜面に挟まれた狭い谷底を遡ると，そのまま源流へと到達することが多い．しかし梓川は，釜トンネルを抜けたあたりから谷底の幅が徐々に広がり，大正池では幅がおよそ500 mまで広がっている．これは普通の河川とは明らかに異なっている．

　大正池は1915年の焼岳の噴火によって流れ出た土砂が梓川を堰き止めたことによってつくられた池である（図2-1 C）．形成された当時の大正池はかなり大きかったが，その後梓川によって運ばれてきた土砂や周囲の支流から流入した土砂によって次第に埋め立てられ，現在ではかなり小さくなってしまった．1977年以降，冬季に池の底の土砂を掘り取っているが，池の縮小はどんどん進んでいる．なお，大正池の水は沢渡（茶嵐）にある霞沢発電所（1928年運転開始）の発電用に取水されている．現在の梓川の流出口にはコンクリート堰堤の上にゴム製の可動部分が取り付けられていて，人工ダム化している．

　大正池から上流が上高地谷と呼ばれる区間で，横尾までの約15 kmにわたって，幅の広い河原の中を網状流[*1]を呈する梓川が流れる風景が続く（図2-1 B；図2-2）．網状流の流路は，松本盆地の中の扇状地を流れる梓川とも似ている．しかし，平野の中や盆地の中で川の流れる方向を自由に大きく変えられる状態とは異なり，幅が広いとはいえ，川が自由に移動できる範囲は数100 mの谷底に限られる．両岸は標高差1,500 mにおよぶ急峻な斜面に囲まれており，松本盆地の扇状地上の梓川とは，風景が異なっている．

　このような幅の広い谷底は横尾近くまで続く．ここから上流の横尾谷と槍沢が梓川の本当の源流域である．角ばった大きな礫が折り重なるように堆積している（図2-1 A）．図1-6にあるように，横尾谷は横尾近くまで，槍沢は横尾のおよそ2.5 km上流の一ノ俣谷出合いまで，最終氷期に流れ下った氷河の侵食により形成されたU字谷となっている．このため，狭くなった谷底もU字谷の中に入るとやや幅が広い明るい谷の風景となる．これらの谷をつめていくと，涸沢圏谷（カール），槍沢圏谷に到達する．梓川のはじまりは，圏谷に近いU字谷の底に堆積した礫の下から流れ出した水である．

　河床の標高を距離との関係で表した図を河床縦断面図という（図2-3；島津，1995）．この図では線が急に立っているところほど河川の勾

図 2-2 焼岳からみた上高地谷と谷底の地形構成.

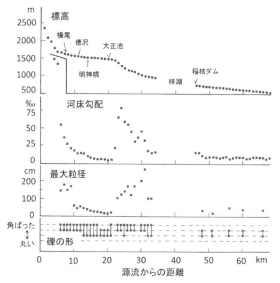

図 2-3 梓川の河床縦断面,勾配,礫径および礫の形の下流への変化.

配が急であることを示している.図 2-3 には標高変化から計算した河床の勾配と距離との関係も示されている.源流から奈良井川合流点まで,今度は梓川を下りながら河床縦断面図と河床勾配の変化をみてみる.

梓川の源流はとても急な勾配である.次の節で述べるように,この勾配は土石流が流れ下るような急勾配である.しかし,この急勾配も一ノ

俣出合い付近までにかなり緩くなる．ここから大正池までは，徐々に勾配が緩やかになりながら流れ下っている．しかし，大正池の下流で再び一ノ俣出合いの上流のような急勾配になる．このように，上流側よりも勾配が急になる大正池の下流側のような地点を遷急点という．一度急になった梓川は，沢渡までの区間で再び勾配が緩やかになっていき，沢渡から下流では勾配変化が小さくなっている．新島々付近の扇頂では，少し勾配が緩やかになり，扇状地上では勾配があまり変化せずにそのまま奈良井川との合流点にいたる．

　典型的な川の場合，源流から河口へ向かって勾配が緩やかになり続けるため，河床縦断面の形は凹んだカーブを描くことが多い．しかし梓川の場合，典型的な川の断面が大正池下流の遷急点を境に二つつながったような形をしており，少し変わった断面形をしているということができる．

河床の堆積物と土砂の運ばれ方

　河川の作用の一つに山地から土砂と水を運び出す運搬作用がある．河川が土砂を運搬する時には，運搬される粒子が削られたり割れたりするため，その大きさや形が運ばれながら変化する．また，河川が土砂を運搬する力の強さが上流と下流では異なるため，力が弱くなる時には途中でより大きな礫から堆積していくという特徴もある．河原に堆積している土砂の大きさや形は，その場所の河川が土砂を運搬する力の強さや，その場所まで土砂がどのように運ばれてきたかをあらわしている．そこで，梓川の河原に堆積している土砂のうち大きな礫の大きさと形を調べた結果から，梓川の働きを考える（図2-1）．

　一ノ俣出合いから松本盆地内の地点までの梓川の河原で，もっとも大きな礫の中径[*2]を計測し，その範囲に堆積している礫の形[*3]を観察した．図2-3には1kmごとの区間に区切って最大の礫の大きさと礫の形を距離との関係で示した（島津，1995）．

　一ノ俣出合い付近から横尾の少し上流までは最大1.5～2mの巨礫[*4]がみられる（図2-1）．礫の形は角ばっている角礫，亜角礫である．そこから横尾まで区間では，礫の大きさが75cmまで急激に小さくなる．横尾から大正池までの上高地谷の区間では，礫の大きさが徐々に小さく

なっていくとともに，角礫が少なくなり，かわって丸みを帯びた亜円礫が多くみられるようになる．大正池の手前ではこぶし大の大きさにまで小さくなる（図2-1）.

　礫が運ばれるのは，主として大雨で発生する大きな洪水の時である．河川が急勾配のところでは，斜面が崩れることをきっかけとして，あるいは谷底に集まった水が土砂といっしょに動き出すことによって，土石流が発生することがある．土石流は大きな礫が泥と混ざり合って，一気に流れ下る土砂の動きである．土石流の中では，礫どうしがぶつかって割れることはあっても，互いにこすれ合うことはあまりない．そのため，土石流で運搬された礫は角ばったままの形である．土石流は勾配が一定以下となる場所まで来ると減速し，停止する．一ノ俣出合い付近がちょうど上流から流れてきた土石流が停止する勾配にあたる．つまり一ノ俣出合いよりも上流の河床にみられる礫には，土石流で運搬されてきたものも含まれている可能性がある．

　横尾から下流では土石流とは異なる掃流[*5]と呼ばれる流れによって礫が運ばれる．大きな洪水でも一ノ俣出合いの上流の谷底に堆積している1.5mを超えるような巨礫は運ばれず，それより小さな礫のみが運び出される．下流ほど勾配が緩やかなため，河川が礫を運ぶ力は徐々に弱くなり，下流まで運ばれてくる礫はより小さなものだけになる．このような河川の作用を礫のふるい分け作用という．掃流で運ばれる礫は河床を転がりながら，あるいは跳ねながら移動するため，礫どうしがぶつかりあったり，河床や側岸にぶつかったりして，角が取れて丸みを帯びていく．転がる距離が長くなればなるほど，より丸みを帯びていく．一ノ俣出合いから大正池までの梓川河床の礫の大きさや形の変化も，このようにして起こったのである．

　横尾から大正池までの間には梓川両岸にたくさんの支流の谷がある．これらの谷は梓川本流のような緩やかな勾配ではないため，運ばれてくる礫は大きく，角ばっている．このような急勾配な支流から供給される土砂が梓川本流にどのような影響を与えているかについては，後述の支流が上高地谷の谷底に出るところに形成される沖積錐の地形と関係がある．この地形の特徴やでき方は次の節と第4章で，支流の河道と梓川河道の関係は第5章で詳しく述べられるが，結論から言うと次のようにな

る.支流のうち,直接梓川に流れ込んでいる支流は少ない.このため,支流から流れてきた土砂は,沖積錐や氾濫原上に堆積してしまう.一度沖積錐などに堆積した土砂は,しばらく時間が経過した後に,梓川の侵食作用によって運び出される.一度堆積している間に,風化して割れやすく,削れやすくなっているため,梓川に流入する時には,割れてしまい大きな礫のまま流入することはない.それに加え,風化が進んでいるため梓川を流れ下る時にも丸くなりやすい.このため,梓川の河床堆積物全体の礫の大きさや形に与える影響は少ないのである.

大正池では洪水の時でも流れが緩やかであるため,ここまで運ばれてきた大礫以上の大きさの礫は大正池で沈んでしまう.そのため,大正池を乗り越えられるのは,主として小さな礫や砂以下の大きさの粒子である.しかし,大正池ができる前は大きな礫も上高地谷より下流へ運ばれていったかという点については,考えなければならない.大正池形成以前につくられた地形図では,現在の大正池の場所は峡谷となっている.しかし,その上流側は第1章でも述べられているように,現在と同じように幅が広く勾配が緩い河床が形成されていた.このため,現在の田代橋付近まで運ばれてきているような礫も上高地からさらに下流へ運ばれていった可能性はあるが,その大きさは大礫以下であったと推定される.

大正池の下流,釜トンネルの脇を過ぎると,河床にみられる礫の大きさは再び大きくなり,1mを超える大きさとなる(図2-1 D).また,形も角礫が主体となる.この傾向は沢渡付近まで続く.これは,大正池(大正池形成前では,上高地の下流端)を越えては,大礫~中礫や砂しか流れてこないところに,周囲の急斜面や支流から梓川へ1mを超えるような大きな礫が大量にもたらされたからである.これらは運搬距離が短いため角ばった大きな礫である.

安曇三ダムの区間は河床をみることができないが,それより下流では河岸の崖から崩れ落ちた礫を除くと,1mを超えるような大きな礫はみられなくなり,形も亜角礫~亜円礫と丸くなる(図2-1 E, F).現在,ダムによって土砂の流れが止められているが,大きな礫の分布にはその影響は小さく,ダム建設以前から河床に堆積していた礫が現在河床にみられるのである.新島々付近の扇頂から奈良井川合流点までは礫の大きさには大きな変化はみられない.勾配変化が小さく,川が礫を運ぶ力の

変化が小さいため，扇頂まで運ばれてきた巨礫〜大礫は，最終的に奈良井川合流点まで到達するのである．

梓川は縦断断面の形だけではなく，土砂の動きも大正池を境に二分されているといえる．これは幅が広く勾配が緩やかな谷底の存在によるものなので，第1章で述べられた長野県側へ流れ出た現在の梓川になって以降，同じような状態が継続していると考えてよい．

支流から流れてきた土砂が堆積する沖積錐

前節までは梓川全体の地形と土砂の動きについて述べてきたが，ここからは上高地谷の梓川の周辺にみられる地形と水環境について述べる．

上高地谷は周囲の斜面に比べると平坦にみえるが（図2-2），実際にはさまざまなスケールの凹凸がある．梓川に沿った遊歩道や登山道，大正池から上高地バスターミナルまでの車道には，小さなアップダウンがある．たとえば，大正池を過ぎて右側に小さな池がある辺りから，道は少し登りはじめる．坂の頂点には，白い礫が堆積した涸れ川があり，橋が架かっている．この涸れ川は八右衛門沢という名前である．ここから道は下りとなり，その途中に上高地帝国ホテルがある．また，登山道を河童橋から明神へ向かうと，小梨平のキャンプ場を通過してからしばらくの間は，カラマツ林をみながら小さな川が流れる平坦な道を歩くことになるが，途中から顕著な上り坂となる．この坂の頂点にも雨の多い時期以外はほとんど水が流れない涸れ川（六百沢）があり，それを越えて少し進むと下り坂になる．

図2-4は上高地谷の梓川沿いの地形図である．これをみると，上高地谷の両側の急峻な斜面を刻んでつくられた数多くの小さな谷が上高地谷に流れ込んでいることがわかる．この小さな谷が上高地谷に出るところには，扇形〜半円形の広がりをもつ地形がみられる（島津・藤牧，1996；図2-4）．これらの地形の等高線をみると同心円状をしており，中央部が盛り上がった地形であることを示している．これらの地形は形が扇状地と似ているが，扇状地より面積が小さく，表面の勾配がより急な地形で，沖積錐と呼ばれる．上高地谷の車道や遊歩道，登山道は沖積錐を横切るようにつくられているため，道はしばしば上り下りするので

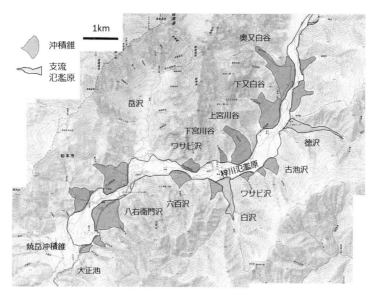

図2-4 沖積錐の分布.

ある．沖積錐は，支流の流域で発生した崩壊などによって生じた土砂が土石流となって支流を流れ下り，傾斜が緩い上高地谷の谷底に出たところで堆積して形成された．上高地帝国ホテルは八右衛門沢の大きな沖積錐の上に建っている（図2-2）．また，小梨平から明神へ行く途中の登山道が通過する沖積錐は，六百沢から流れてきた土砂が堆積した沖積錐である．沖積錐のでき方や沖積錐の地形と植生との関係についての詳細は第4章で述べる．

沖積錐では厚い砂礫が堆積しているため，水がしみ込みやすい．このため支流上流から流れてきた水は沖積錐上で伏流してしまい，沖積錐の上では通常時には水が流れない涸れ川となっている場合が多い（図2-5）．上高地谷でみられる沖積錐のうち春から秋までほぼ涸れることなく水が流れているのは，明神から徳沢へ向かう途中の急な坂道を登ったところにある（この坂も沖積錐を上る坂である）ワサビ沢（左岸）くらいである．

梓川右岸の奥又白谷，下又白谷などには扇形の沖積錐が形成されているが，谷底の幅が広くなっていて，上述の支流とは少し形態が異なって

図 2-5　沖積錐上の涸れ川.

いる（図 2-4）．谷底の幅が広いのは，もともと幅の広い谷が形成されていたところに土砂が堆積したか，大量の土砂が流れ出たために，谷を厚く埋めたことによって幅が広くなったかのいずれかだと考えられる．しかし，この問題は未解決である．

大きな谷の出口につくられた地形

　梓川支流とその出口付近に形成されている地形は，急勾配の渓流と扇形や半円形の沖積錐の組み合わせばかりではない．梓川に流れ込む支流の中でも勾配の緩い黒沢，徳沢，白沢は谷の出口付近がやや幅のある平坦な谷底が形成されているが，沖積錐はみられない．

　河童橋の正面にみえるのは上高地谷の中にある梓川支流の中でも流域面積が最大の岳沢である．とても広い谷で，その谷底には白く細長くのびているものがみえる（口絵 1）．ここには，植生がなく，直径数 10 cm から 3 m の礫が累々と堆積している．上高地から前穂高岳へ登る岳沢登山道を登っていくと標高約 1,800 m にさしかかったところでこの礫の堆積場所を通過する（図 2-6）．近くからみると，急傾斜した礫原の中に深く大きな溝や礫が盛り上がって堆積している地形がみられる．これは，これらの礫が侵食や堆積を繰り返しながら移動していることを示し

図 2-6　岳沢の谷底堆積物.

ている．しかし，それらの堆積物は 1,550 m 付近で岳沢をトラバースする登山道を越えて岳沢の下流へは連続していない．唯一 1990 年代に発生した土石流が登山道を横切って流下し，そのすぐ下に堆積した痕跡が残されているだけである．

　一方で，上述の土石流到達地点より下流には直径 10 m を超える巨大な岩塊が大量に堆積している場所がある（苅谷・松四，2014）．岳沢をトラバースする登山道より上部の岳沢の流域内に分布している土砂がどのように形成されたか，どのように移動しているかはよくわかっていないが，岳沢登山道と上高地谷の谷底を通る治山林道の間にある巨大な岩塊の起源については，現在研究が進められている（苅谷・松四，2014）．いずれにしても，このような岳沢谷底の地形と堆積物の特徴から，岳沢は現在のところ上高地谷の底へ粗粒な土砂を直接的に供給していないことは明らかである．しかし，岳沢谷底の堆積が進行すると，いずれは 1,550 m 付近の登山道を越え，巨大岩塊を埋めて，上高地谷の底まで到達するであろう．しかし，それには千年～万年スケールの時間がかかると考えている．

河道と氾濫原の地形

　上高地谷の谷底のうち，沖積錐を除いた部分には平坦な地形が広がっ

図2-7　明神〜徳沢間の梓川河道．河道の中にケショウヤナギ等の大木がみられる．

ている．梓川の流れと河原からなる部分と，そのまわりの林に覆われた部分である．前者を河道，後者を氾濫原という（図2-2）．

　梓川は日本の多くの川と同様に，河道のうち水が流れている流路の部分の幅はわずかで，他の部分は広い河原となっている．ふだんの梓川の流れは幅が細いが，数年に1回程度，河原の部分を含めて河道のほとんどの部分が水没するような洪水が発生する．このような洪水が起こると，河道では上流から流れてきた土砂の堆積や侵食が起こる．ふだんは水が流れていない河原の部分も，時には巨礫が移動するような攪乱が起こるので，樹木が発芽し，生長して林ができることは難しい．しかし，このような上高地の梓川の河原にもケショウヤナギをはじめとした大木がみられる（図2-7）．

　梓川の河道と氾濫原の境目に立つと，河道と氾濫原には1m程度の段差があることがわかる．洪水の規模がとても大きい時にはこの段差を乗り越え，水や土砂が河道から氾濫原へあふれ出す．しかし，大きな洪水でないかぎり，この段差を乗り越えるのは水だけで，礫を含む土砂も同時に乗り越えるのは10年以上に1回程度と稀であると推定される．なお，河道の地形変化とケショウヤナギが生育できるしくみ，氾濫原上の河畔林の形成のしくみについては第5章で述べる．

　上高地の梓川の流路は枝分かれして網状流となっており，さらに，ふだんから水が流れている部分以外にも，少しだけ凹んだ部分もある．こ

図2-8 清水川の源流付近．この地点の100mほど上流から湧き出した水が流れをつくっている．

のような凹みは梓川の水位が少し上昇すると水が流れる．上高地の梓川はいつでも網状流であるものの，河道全面を水が流れるような大きな洪水が発生する度に，凹みを含めた流路の位置や本数，分岐や合流のパターンが変化，すなわち地形変化が生じる．徳沢〜明神間での河道地形の変化を1994年以降，およそ20年間観察したところ，平均で2，3年に1回程度の地形変化が生じていた（島津，2013）．

独特な上高地の水環境

上高地に来た観光客は水のきれいさや水の豊富さに目を奪われる．とくに，河童橋からみた梓川の風景，あるいは河童橋から上高地ビジターセンターへ向かう途中で渡る清水川は，多くの観光客に上高地の水の特徴を印象づける．このような水の景観は，上高地谷独特の水の動きによってつくり出されている．

通常，河川の水はいくつもの源流の湧水から流れてきた水が合流しながら，下流ほど水量を増す．上高地では，清水川のように常に流れがあり，支流のようにみえる川は，氾濫原の中にある湧水を起源とする河川で，上高地谷の両側の斜面を刻む支流の谷とはつながっていない（図2-8）．一方，支流の谷から続く川は，沖積錐の上ではふだんは水が流れ

ず，涸れ川になっているものが大部分である．古池沢では涸れ川の地形が沖積錐上で途切れてしまうため，地形的にも梓川の流路とはつながっていない．沖積錐が形成されていない徳沢，白沢などの支流でも，雨の後や春先や梅雨時期以外は水の流れはほとんどみられない．

　第1章で述べられたように上高地谷や沖積錐には厚く砂礫層が堆積しているため，水がしみ込みやすく，水をためやすく，かつ地下を流れやすい性質となっている．このような状況が上高地独特な水環境を生み出している．一方で，上高地谷の両側の急峻な斜面には，岩盤が露出しており，地下へ水がしみ込むことは難しい．このため，降水の大部分はそのまま斜面の表土層の中を流れ下る．このような上高地谷の水の流れは，次のようにまとめられる．降った雨は地表を流れるか，表土内にしみ込むが，それより下の岩盤の中へはほとんどしみ込まず，支流の谷へと集まる．支流の谷ではこれらの水と岩盤から湧き出たわずかな水が合わさって，流れ下る．沖積錐の上流端まで達した水は，沖積錐の砂礫層にしみ込んでしまい，沖積錐上には涸れ川がみられるのみとなる（図2-5）．梓川の水も雨が少ない時には砂礫層にしみ込むが，雨が多い時には砂礫層の中が飽和しているため，これ以上はしみ込まず，流れが形成される．支流から沖積錐にしみ込んだ水は，上高地谷の地下を流れる水と合流して，その一部が氾濫原の中で湧き出して地表に出てくる．この水が清水川のような川の起源となる．

　清水川の水がとても澄んでいるのは，湧き出してから間もなく，泥などの混ざり物が少ないことや湧水量が多いことと関係している．梓川の水も上流から流れ下ってきた水に，近くの湧水起源の澄んだ水が大量に加わることなどにより澄んだ水となっていると考えられる．

　上高地の水が澄んでいる理由は周囲の地質も関係している．上高地で広い面積を占める花崗岩は，細かく砕けた時には泥よりも粒が大きい砂になりやすい．泥が混じると水は濁ってしまうが，砂の場合は濁りにくい．このことも上高地の水は濁りがきわめて少ないことに寄与している．このようにさまざまな理由が組み合わさって，上高地では透きとおった水が流れていると考えられる．

図 2-9 氾濫原の中の湧水. 左：小さな段差の下から湧き出る水. 右：溝の中からじわじわと湧き出る水.

氾濫原の中の湧水と河川

　林に覆われた氾濫原の中を緩やかに流れる河川は上高地独特の景観をつくり出している．この河川をたどっていくと，水が湧き出る湧水地点に行きあたる．これら湧水地点には2種類あって，一つは水が流れている溝状の地形の突きあたりにある半円形または馬蹄形の明瞭な小さな段差の根元から水が湧き出している湧水地点である（図2-9左）．この湧水地点は，氾濫原の中にある場合と，斜面や沖積錐の末端にある場合がある．もう一つは，溝はさらに上流につながっているが，その途中からじわじわと水が湧き出している湧水地点である（図2-9右）．湧水がある区間は湿地状になっており，下流へ向かうほど水の量は増えていく．いずれの湧水からつながる河川も氾濫原の中の他の河川と合流しながら水量を増し，氾濫原から河道へと流れ込んで梓川と合流する（岸本，1998）．

　氾濫原の中にはさまざまな大きさの池もみられる．もっとも大きなものは明神池で，水量が多い氾濫原内の河川を斜面からの崩壊堆積物が堰き止めて形成された可能性がある．古池沢沖積錐の下流側にある池の中には，立ち枯れた木が残っていることから，もともと林が覆っていた場所を流れる川を支流から流れ出した土砂が堆積し，堰き止めて池が形成

されたことが推定できる．このほか，小規模な池や水が多い時期のみ現れる水たまりのような池は氾濫原の中に随所にみられる．

　湧水や河川の水のもともとの起源は雨である．雨は蒸留水にかなり近く，水以外の成分をほとんど含まない．降った雨が岩盤にしみ込み，その中をゆっくり流れることによって岩盤の成分が水の中に溶け込むと，いわゆるミネラル分となる．上高地の稜線部や斜面に降った雨は岩盤にあまり水がしみ込まず，急な斜面から支流の谷を流れ下って，沖積錐で砂礫層の中にしみ込む．この水は沖積錐から上高地谷の砂礫層の中を速い速度で流れ，氾濫原の中で湧き出る．氾濫原に降った雨はそのまま上高地谷の砂礫層にしみ込み，同じ経路をたどる．砂礫層の中の水の移動速度は岩盤中に比べてきわめて速く，水が地下に滞留する時間は短い．このため，氾濫原の中や沖積錐の末端にある湧水の成分は，雨の成分からあまり変化せず，ミネラル分が少ないままである．ミネラル分のうちイオン成分の多寡は水の中の電気の通りやすさ，電気伝導度として比較的簡単に測ることができる．岸本（1998）は上高地の氾濫原の湧水の性質を測定した．それによると，電気伝導度はきわめて低く，半分以上の地点で 3.5 mS/m（ミリジーメンス・パー・メートル）以下で，ミネラル分が少ない「薄い水」という特徴をもっている．この中で特異なのが古池沢から白沢合流点までの左岸谷壁斜面沿いの湧水で，電気伝導度は 4.5〜9.0 mS/m と氾濫原の中や沖積錐末端にある他の湧水に比べて高い値である．これらの湧水は水を集める範囲の地下の岩盤が沢渡コンプレックスと呼ばれる砂岩や泥岩の堆積岩で，一度この岩盤にしみ込んだものが湧き出したと考えられる水を多く含む．堆積岩は割れ目が多く，上高地ほかの地域の岩盤をつくっている花崗岩や前穂高溶結凝灰岩といった火成岩の岩石に比べて水がしみ込みやすい．このため，水は岩盤の中を流れ下ることができたため，電気伝導度が高めの水となった．

　梓川の右岸を明神池へと向かう木道の遊歩道を歩いていると，岳沢の下で大量の水が流れる川に架かる橋を渡る．これらの水の電気伝導度は 2 mS/m 以下で，とても低い．この大量の水は橋からわずかに数百 m 遡ったところにある，岳沢に堆積した岩の隙間から湧き出している．電気伝導度が低いのは，岳沢に降った雨が岳沢谷底の砂礫層にしみ込んで，急勾配の谷の地下を速い速度で流れ下り，湧出したためと考えられる．

図2-10 春に起こる梓川の流れの復活.

季節によって大きく変動する梓川の水量

　上高地の梓川の水量は季節的に大きく変化する．日本の河川の多くは水が少ない時と洪水の時の水の量の差が大きく，上高地の梓川と同様にふだんの水量の時の流路の幅に比べて河道全体の幅は広い．上高地の梓川はその中にあっても水量の変動がきわめて大きい．梓川の流量の変動と河道の地形変化をとらえるために，2011年より一定の間隔で写真撮影ができる定点観察カメラを設置して梓川の状況を観察している．

　もっとも特徴的なのは，冬から春にかけて梓川から水が消える現象で，とくに徳沢から明神にかけての河道で顕著である．この時期には，氾濫原の中の湧水も涸れてしまう．早い年では9月の下旬に流れが消えてしまった．このように梓川の水がなくなるのは，冬に降水量が減少することと，12月以降の降水は大部分が雪であること，湧水も砂礫層の浅いところの地下水を起源とするため，気温の影響を受けやすく，1日中氷点下で，−25℃以下になる日も多い厳冬期には凍ってしまって，湧水が止まることが原因であると考えられる．

　冬季の涸れ川の状態から春になって水が流れはじめるときも特徴的である．定点観察カメラによって，流れの先頭の位置が時速100〜200m程度のきわめてゆっくりした速度で上流から下ってくるようすが撮影さ

れた（図 2-10）．この現象は，次のように説明できるだろう．春先の雨と気温上昇による融雪によって梓川に水が集まって流れが発生するが，谷底の砂礫層の中には水がなく「空っぽ」のため，川の流れの水はどんどんしみ込んで，川ができない．砂礫層が水で満たされてくると，水がしみ込みにくくなり，流れがそこまで到達する．水で満たされたところが徐々に下流へ向かって拡大していくために，流れの先頭が下流へ移動していくようにみえるのである．同様の現象は，季節的な水量の変動が大きい砂漠を流れる河川にもみられる．

　梓川の水量がもっとも多いのは梅雨期である．この時期にはやや多めくらいの降水量でも，河道の半分以上が水面下に没し，わずかな地形変化が生じることもある．これまで，上高地自然史研究会が作成してきた継続調査地の地形学図の分析から，梅雨期に上高地アメダス観測所で 120 mm を超えるような大雨が観測されると，大きな地形変化が生じていたことがわかった（島津・瀬戸，2009）．2013 年 6 月 19 日には，日降水量 166 mm（上高地アメダス観測所）を記録し，河道のほぼ全面に水が流れ，地形が変化したことが定点観察カメラによってとらえられた（島津，2014）．

　一方，梅雨明け後は日降水量が 140 mm に達する大雨でも，流路の水位が少し高くなっただけで，河道すべてが水面下に没するような現象は起こらないことが，定点観察カメラの映像にとらえられている（島津，2015）．

　このような特徴も上高地谷の厚い砂礫層の存在が影響していると考えている．融雪や梅雨によって水が多い時期は砂礫層に水が蓄えられており，少しの雨でも氾濫原内の湧水地点から大量の水が湧き出すとともに，支流の涸れ川も水が流れて梓川へ流入し，梓川の水位が上がりやすくなっている．これに対し，梅雨明け後，比較的降水が少ないと，砂礫層にたまっている水が少なくなり，大雨が降っても氾濫原内の湧水の量はあまり増えず，降った雨も谷底の砂礫層にしみ込んでしまうため，梓川の水位もあまり上がらないのである．上高地谷の水循環のメカニズムについては，砂礫層中の水分や地下水位の調査が必要であるが，これからの研究課題である．

注

- ＊1 網状流：流路の分岐や合流が繰り返され，流路の間に中州がつくられる網目状の流れの形態である．
- ＊2 中径（礫径）：礫の直径には，礫のもっとも長い部分の長径，幅にあたる中径，厚みにあたる短径がある．大きさとして測りやすくわかりやすいのが長径であるが，礫の動きやすさは中径と関係がある．
- ＊3 礫の形：礫の形を大まかに区分する時には，角ばった方から角礫，亜角礫，亜円礫，円礫の四つに区分する．角礫，亜角礫は全体の形が矩形あるいは不定形で，角礫の方が角がより角ばっている．亜円礫，円礫は角が取れなめらかで，亜円礫は全体の形がやや矩形に近いのに対して，円礫は全体がかなり丸型である．
- ＊4 礫の大きさ：直径 2 mm 以上の水流で運ばれた粒子を礫という．礫の中でも巨礫は 256 mm（人頭大）以上，大礫が 64 mm（こぶし大）〜256 mm，中礫が 4 mm（碁石大）〜64 mm，小礫が 2 mm（グラニュー糖大）〜4 mm である．
- ＊5 掃流：水が砂礫におよぼす力によって砂礫が河床（水底の地面）と接しながら移動する流れ．砂礫が河床を滑る滑動，転がる転動，跳ねる躍動がある．どのような動き方をするのかは砂礫の大きさと水の流れの強さとの関係で決まる．さらに水の力が強いときは，水の中を浮いて流れる浮流となる．

文献

植木岳雪・山本信雄 2003．長野県西部，梓川上流部の段丘面群構成層から産出する材の ^{14}C 年代．第四紀研究，42：361-367．

苅谷愛彦・松四雄騎 2014．細密地形データからみた上高地の崩壊地形．地図中心，502，10-13．

岸本淳平 1998．上高地，河辺林内における湧水の分布と水質について．上高地自然史研究会編『上高地梓川の地形変化，土砂移動，水環境と植生の動態に関する研究』上高地自然史研究会研究成果報告書，4 号：31-42．

島津 弘 1995．長野県西部，梓川における土砂移動過程．金沢大学文学部地理学報告，7：53-60．

島津 弘 2013．梓川上流，上高地徳沢—明神間の河道における年々の地形変化と環境多様性の形成．地学雑誌，122：709-722．

島津 弘 2014．梓川上流，徳沢—明神間における 2013 年梅雨期の出水と地形変化の定点撮影カメラを用いた観察．地形 35：54．

島津 弘 2015．梓川上流，徳沢—明神間の河道における降雨流出と地形変化．地形，36：61．

島津 弘・藤牧庸子 1996．上高地・梓川支流における堆積地形の特性．上高地自然史研究会編『上高地梓川の河床地形変化と河辺林の動態に関する研究』上高地自然史研究会研究成果報告書，2 号：1-9．

島津 弘・瀬戸真之 2009．梓川上流における流路の年々変動とその要因．地形 30：52．

第3章

上高地谷の植生

高岡貞夫

多様な植生のみられる上高地谷

　上高地は年間をつうじて冷涼な気候であり，夏には多くの人が避暑に訪れる．明神池の近くにある信州大学山岳科学研究所（旧山岳科学総合研究所）の上高地ステーション（標高 1,530 m）で観測された 2009～2012 年の 7・8 月の気象データをみると，最高気温が 30℃を超えるのは年に数日しかなく，最低気温も 15℃以下になる日がほとんどである．また冬の寒さは厳しく，最低気温が −20℃以下まで下がることがある．雪は北アルプスの中では少ない方であるが，それでも 100 cm 以上の積雪となる（図 3-1）．上高地谷の植生は，このような冷涼な気候を反映して成り立っている．

　本州の山地では標高が増すにつれて変化する帯状の植生構造がみられ，低い方から順に低山帯，山地帯，亜高山帯，高山帯とよばれる．山地帯と亜高山帯の境界部では暖かさの指数[*1]が 45℃・月であるとされるが，大正池の近くで観測された気温の平年値（1941～1970 年）（気象庁，1972）から求めた，暖かさの指数が 45℃・月となる標高はおよそ 1,550 m である．したがって，上高地谷では，谷底付近が山地帯と亜高山帯の境界部にあたり，山腹斜面の植生の大部分は亜高山帯に相当することになる．

　一般に亜高山帯は常緑針葉樹が優占するところであるから，上高地谷も全体的に針葉樹林が卓越する植生となっている．しかし北アルプス全域で亜高山帯の植生を概観すると，上高地谷が北アルプスの中でもとくに森林に恵まれた地域の一つであることがわかる．図 3-1 に示すように，北アルプスの 1,500 m 以上のうち，上高地谷付近では稜線部をのぞ

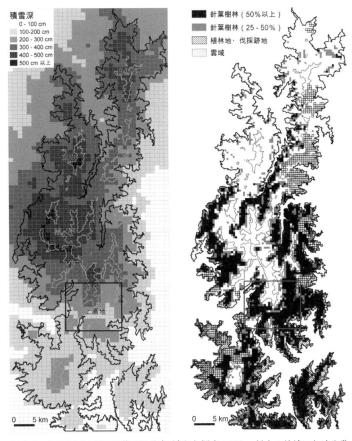

図 3-1 北アルプス周辺の積雪深分布(左)と標高 1,500 m 以上の地域における常緑針葉樹林の分布(右). 積雪深はメッシュ気候値 2000(気象庁)を使用し,1 km メッシュで示してある. 北部から中部にかけては,積雪深が 300 cm 以上となる地域が広く占めるが,上高地谷のある南部は 200 cm 未満のところもある. 常緑針葉樹林は 2007 年 6 月 23 日撮影の ALOS AVNIR-2 画像を用いて図化した. 10 m×10 m の画素を 500 m メッシュで集計した結果を示す. 南部では標高 2,500 m 近くまで針葉樹林が覆う. 図中の方形枠は上高地谷のおよその位置で,図 3-3 の植生図の範囲である. 等高線は 1,500 m と 2,500 m.

けば連続的に針葉樹林が分布するのに対して,白馬岳や立山,雲ノ平周辺など積雪が多い山域では,亜高山帯の標高域において針葉樹林が連続しているわけではなく,低木林や草原になっているところが多い.

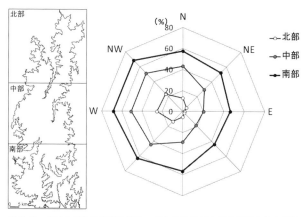

図 3-2　北アルプスの標高 1,500 m 以上の地域における斜面方位と常緑針葉樹林の分布の関係．南部から北部に向かって常緑針葉樹林が占める面積割合が小さくなる．全ての地区で方位による分布の偏りが認められ，南東向き斜面で常緑針葉樹林の発達が悪い．

　北アルプスを北部，中部，南部の 3 地区に分けて，斜面方位別に常緑針葉樹林の占める割合をみてみると，どの斜面方位においても上高地谷のある南部から北部に向かって常緑針葉樹林の占める面積割合が減少する（図 3-2）．また，どの地区も北西〜西向きの斜面に常緑針葉樹林の分布が偏っていることがわかる．このような分布の特徴には積雪が関係していると考えられる．積雪が多くなるほど常緑針葉樹林は発達が悪くなり，とくに冬の季節風の風下側にあたる東〜南東向き斜面では積雪量が多くなるため，雪崩や雪圧によって常緑針葉樹林が成立しにくくなるのだと考えられる．

　図 3-3 をみながら上高地谷の植生をもう少し詳しくみてみよう．この図は人工衛星 ALOS が撮影した画像をもとに作成した植生図である．上高地谷にはじつに多様な植生が詰め込まれていることが見てとれる．全体的には常緑針葉樹林に覆われているが，稜線の近くや沢沿いには草原や低木林からなる植生，植被率の低い砂礫地や露岩地が複雑に入り組んでいる．また，梓川沿いの氾濫原には落葉広葉樹からなる森林がパッチ状に分布している．焼岳の東向き斜面には，常緑針葉樹林が欠落する場所が広がり，周囲の山とは異なる植生景観をなしている．

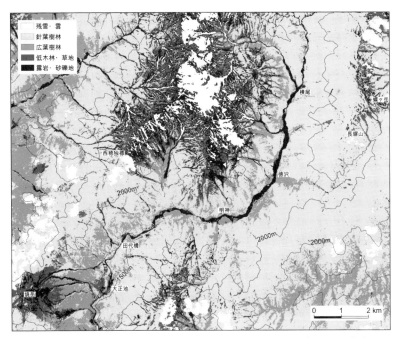

図3-3 上高地谷の植生図. 2007年6月23日撮影のALOS AVNIR-2画像を用いて作成した.

　このように，場所によって異なる複雑な植生のパターンは，どのようにしてできているのであろうか．上高地谷を山腹斜面，沖積錐，氾濫原の三つの場所に分けて，それぞれにおける植生の特徴についてみていこう．

山腹斜面の常緑針葉樹林

　山腹斜面を広く覆う亜高山帯の常緑針葉樹林は，遠くから眺めるとどこも同じような森にみえるが，林内を歩くと森のようすが標高によって異なることに気づく．図3-4は徳沢から長塀山へ向かう登山道と田代橋付近から西穂山荘へ向かう登山道に沿って森林を観察した結果を示している．登山道が通る場所によって斜面傾斜や土壌条件が異なるし，両登山道の積雪深も異なると考えられることから，両者を単純には比較できないが，それでもいくつか共通する特徴がみられる．

　まず森林を構成する樹種が標高によって異なり，山腹斜面の上部では

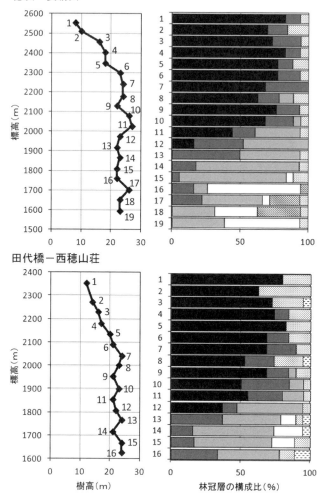

図 3-4 徳沢—長塀山間および田代橋—西穂山荘間における森林の変化
標高に沿って変化する林冠層の高さ（左）と林冠層における植被率の構成比（右）を示す．左右の図の 1〜19 と 1〜16 の地点番号がそれぞれ一致している．亜高山帯の上部ではシラビソの占める割合が高く，下部ではコメツガやクロベの占める割合が高い．樹高も標高とともに変化し，主稜線近くでは 10 m 前後となる．なお，高標高域にオオシラビソが出現するが，この図ではシラビソに含めて図化している．

42 —— 第一部 上高地の成り立ち

シラビソやオオシラビソが多いのに対し，下部ではコメツガやクロベが多い．これは北アルプス南部で広く認められる特徴である（尾関，2001）．トウヒは優占林をつくることはないが，上部から下部まで一定の割合で存在している．ダケカンバも上部から下部までみられるが，西穂山荘に向かう登山道の上部でやや高い割合になるのは，冬の季節風の風下側になるこの場所に6月に入っても消えないほどの雪が積もることと関係しているのかもしれない．なお，長塀山へ向かう登山道沿いでは，下部でチョウセンゴヨウがみられるのが特徴である．

標高によって変化するのは樹種の構成だけではない．森の高さも変化する．山腹斜面の中・下部では20～30mの樹高をもつ樹木が森をつくっているが，主稜線からおよそ200m以内の範囲では稜線に近づくほど樹高が低くなり，最上部では10m前後の低い森になっている．

梓川をはさんで対照的な両岸の植生

明神から横尾にかけての地区は，梓川右岸と左岸の山腹斜面の植生景観がとても対照的である．その理由の一つは，第1章で記されているような山の険しさの違いと関係している．右岸側は明神岳や前穂高岳などの岩壁や小さな崩壊地がめだつのに対して，左岸側はなだらかな山容をなす斜面の全体を植生が覆い，露岩がみえるところはほとんどない．

この地区にみられる梓川両岸の植生の違いは，新緑や紅葉の時期に訪れると，一層はっきりとする．図3-3からわかるように，左岸では常緑針葉樹林が卓越するのに対して，右岸では落葉広葉樹の林が，あちらこちらにみられる．両岸とも，常緑針葉樹林内に落葉広葉樹であるダケカンバが単木的に混交することは共通しているが，右岸ではさらにシナノキ，ブナ，ハリギリ，サワグルミなど，山地帯でみられる落葉広葉樹が混交している場所が山腹斜面の下部にみられる．

これら山地帯の広葉樹のうち，ブナの高木の分布を地質図といっしょに示したのが図3-5である．この付近はブナにとって分布できる上限ぎりぎりの標高であるから，ブナだけでまとまった森をつくることはない．しかし，紅葉の季節に梓川沿いの遊歩道を散策すると，赤茶色に紅葉したブナが右岸の山腹斜面に点在していることに気づくであろう．一

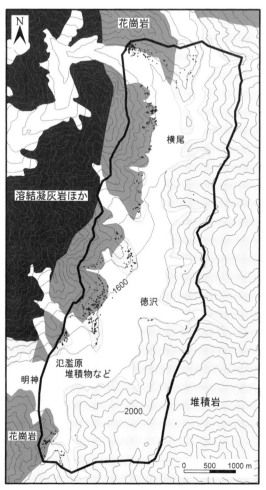

図 3-5　ブナ高木の分布．太線内が図化した範囲．ブナは花崗岩地域と堆積岩地域のうち花崗岩に接する場所に分布している（髙岡，2001 を改変）．

方で，梓川の左岸側斜面にはブナの木はあまりみられない．図 3-5 に示された 531 本のブナ高木のうち 295 本が花崗岩地域に分布している．また砂岩や泥岩などからなる堆積岩地域に分布する 148 本のうちの 138 本が花崗岩に近接する場所（花崗岩との境界から 500 m 以内）に分布している（表 3-1）．つまり，右岸と左岸のブナ分布の違いは，地質分布

表3-1 ブナ高木が分布する場所の地形と地質

項目			本数	(%)
標高	1,900-2,000 m		5	(0.9)
	1,800-1,900 m		75	(14.1)
	1,700-1,800 m		247	(46.6)
	1,600-1,700 m		193	(36.3)
	1,500-1,600 m		11	(2.1)
地質	第四紀堆積物(崖錐・沖積錐)		88	(16.6)
	深成岩類(花崗岩)		295	(55.5)
	堆積岩類(砂岩・泥岩)		148	(27.9)
		花崗岩地域との境界から500 m以内	138	–
		花崗岩地域との境界から500 m以上離れている	10	–
地形	遷急線より上方の未開析の斜面		45	(8.5)
	遷急線より下方の開析斜面		486	(91.5)

図3-5に示した531本のブナ高木の数を条件別に集計した.

と対応しているのである.明神付近では左岸斜面でも花崗岩が分布しており(図3-5),ここにはブナの高木が分布している.

ブナや同じく山地性の落葉広葉樹であるシナノキは,山腹斜面下部の中でも,侵食されてできた谷沿いの急斜面やその下方に続く崖錐に多い(表3-1).そのような斜面は花崗岩分布域や,堆積岩分布域のうちホルンフェルス化[*2]が起きたと考えられる花崗岩接触域に発達することが多く,地質の違いによる斜面の安定性の違いが左岸と右岸の植生の違いを生み出していると考えられる.

多くの広葉樹が落葉してしまう10月末から11月初めには,黄金色に葉の色を変えたカラマツが,冬を迎える直前の上高地谷に最後の灯りをともすように輝くようになる.このカラマツも明神-横尾間における山腹斜面の植生の非対称性を強調するのに一役買っている.カラマツは崩壊や土石流により土壌が失われた場所に侵入して森林を形成するが(宅見ほか,1988),成長するのに十分な日光を必要とする陽樹的な性格が

図3-6 梓川右岸(a)と左岸(b)の山腹斜面に生育するカラマツ．aは明神橋付近から明神岳方面を撮影したもので，bは明神橋の上から上流の左岸斜面を撮影したもの．左岸は個体数が少ないので個々の樹冠を円で囲んだが，右岸は個体数が多いのでカラマツ樹冠の占める範囲をまとめて囲んである．ただし，aの近景に写る，氾濫原の河畔林内に生育するカラマツは囲んでいない．山腹斜面でカラマツ以外に淡色にみえる樹木は落葉したダケカンバなど．aとbの稜線の険しさの違いにも注意（2012年11月3日撮影）．

強いために，暗い森林内では後継樹が育たない．カラマツは長命ではあるが，森林が破壊されるなどして新たな裸地が形成されなければ，いずれ消えていく運命にある．右岸を中心とした花崗岩分布域では頻繁に崩壊が発生し，カラマツはそのような崩壊地や土砂が流れ下った跡地に侵入して森林をなしている（図3-6a）．一方，左岸側の堆積岩分布域では崩壊が限られた場所にしか発生しておらず，カラマツはわずかしかみられない（図3-6b）．

山腹斜面の地形と植生パターン

このように，上高地谷の山腹斜面の植生は，植生帯としては冷涼な気候に対応した常緑針葉樹林の卓越する亜高山帯植生であるが，個々の斜面にみられる植生パターンは，地形・地質条件と関係している．地形は侵食や堆積を繰り返しながら変化を続け，それにともなって植生を破壊したり，地表の安定性や土壌条件に違いをもたらしたりすることをつうじて，植生の違いをつくり出している．

上高地谷でもっとも大規模に植生に影響を与えている地形変化は焼岳の火山活動である．図3-3の南西すみに位置する焼岳の東向き斜面には

図3-7 北東方向から眺めた焼岳．溶岩ドームからなる山頂部は草地や露岩地であり，その下方に続く平滑な火砕流堆積面はシナノザサの草原やダケカンバ，カラマツなど先駆種からなる若い林になっている．焼岳の右には古い火山である割谷山の山腹が写っている．侵食が進んで火山地形が明瞭でなく，森林に覆われている．

常緑針葉樹林が発達せず，上高地谷を囲む山々の中では，特異な景観をなしている（図3-7）．溶岩ドームからなる山頂部は草地や露岩地であり，その下方に続くなめらかな火砕流堆積面はダケカンバやカラマツなど先駆種からなる若い林やシナノザサの草原になっているところが多い．新期焼岳火山群は約2万6000年前から火山活動を開始したが，焼岳は歴史時代にも水蒸気爆発を繰り返してきた（及川，2002；及川ほか，2002）．明治期以降では1907〜1939年や1962〜1963年に小爆発が頻発した時期があり，焼岳の東向き斜面はこれらの火山活動の影響を受けたために成熟した森林が形成されていない．

　焼岳では，火山活動が停止して十分に時間がたてば植生の遷移が進み，亜高山性の常緑針葉樹林を中心とする植生に変わっていくであろう．一方で過去の地形変化にともなってつくられた環境が現在の植生パターンに影響し続けていると考えられる事例もある．

　たとえば，蝶ヶ岳の稜線の西向き斜面や西穂独標の南側にある斜面では，岩塊が覆う平滑な斜面に高さ1〜2mのハイマツ低木林が広がっている（図3-8）（小泉・関，1988；手打，2006）．これら稜線付近の岩塊

図 3-8 蝶ヶ岳の稜線の西向き斜面 (a) と西穂独標の南側の斜面 (b) の植生景観．白い破線が森林限界のおよその位置．いずれも森林限界より上方の平滑な斜面をハイマツが覆う．

斜面では長径が 1 m にもなる粗大な礫が一面を覆っているところがあり，場所によっては礫と礫の間に土などが無くて隙間だらけの状態で礫が累積していることもあり，針葉樹が森林を形成することができていない．このような岩塊斜面は，蝶ヶ岳では氷期に活発であった岩屑の生産によってつくられたものと考えられている（小泉・関，1988）．つまり，氷期の遺物である岩塊の存在が森林の形成を邪魔し，現在でも森林限界を低く押し下げているというのである．

時代ははっきりとしないが，過去の地形変化が現在の植生構造に影響を残していると考えられる例は，山腹の森林域にもみつかる．たとえばウェストン碑の背後にある斜面の上方，標高 1,700 m 付近には，古い地すべりの滑落崖起源と思われる急斜面があるが，この急斜面の最下部には多数の萌芽幹[*3]を出しているサワグルミやカツラの大きな株が多く出現するところがある．渓流沿いでみられることが多いこれらの落葉広葉樹が，常緑針葉樹林の卓越する山腹斜面の中にスポット的に一定の場所を占拠しているようすをみると，過去の地形変化が長期にわたって植生に与える影響について考えさせられる．

沖積錐での土石流と森林の成り立ち

支流からの土砂が梓川本流の氾濫原に流入する場所には，沖積錐とよばれる堆積地形が形成されている（図 3-9）．この沖積錐には，山腹斜

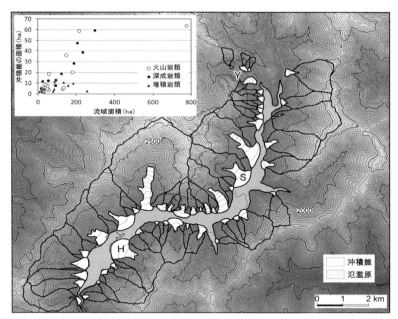

図3-9 上高地谷に分布する沖積錐．支流の流域界と沖積錐（一部崖錐を含む）が描いてある．沖積錐は広い流域面積をもつ支流に大きなものが形成されているわけでは必ずしもない．沖積錐の規模を決める要因の一つは地質で，深成岩類（花崗岩・花崗閃緑岩）や火山岩類（溶結凝灰岩・凝灰角礫岩）の流域で大きな沖積錐がつくられ，堆積岩類（砂岩・泥岩）の流域では小さくなっている．

面とは異なる植生が発達している．たとえば，下又白谷の合流部に発達した沖積錐では，山腹斜面では広く優占林をつくることのないトウヒが，まとまった林を形成するところがみられる．上高地谷の沖積錐は，地質の違いなどに対応して発達の規模が異なり（図3-9），沖積錐内の微地形の特徴や土砂の粒径，そこに成立する植生の種類もそれぞれ異なる．沖積錐の微地形やそれに対応した植生の特徴の詳細は第4章を読んでいただくとして，ここでは花崗岩などの深成岩類が卓越する流域の一例として下又白谷の沖積錐（図3-9中のS）をとりあげ，土石流による地表攪乱と森林の更新との関係をみてみよう．

図3-10は下又白谷沖積錐の植生図である．この狭い範囲の中に，さまざまな種類の森林がパッチ状に入り組んでいるようすがわかる．それらのパッチには，支流が流下する方向に細長くのびる形をしているもの

第3章　上高地谷の植生 —— 49

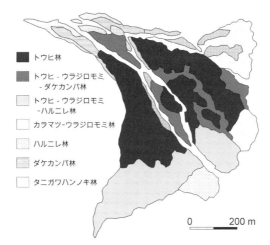

図 3-10 下又白谷沖積錐の植生．沖積錐上は優占種の異なる植生がパッチ状に占めている．植生のパッチ間に空いている細長い隙間は，土石流によって森林が破壊されて植生が未発達のところ（高岡，1998を改変）．

が目立つ．それぞれのパッチを林冠層の優占種に着目して分類すると，タニガワハンノキ林，ダケカンバ林，ハルニレ林，カラマツ－ウラジロモミ林，ウラジロモミや広葉樹の混交するトウヒ林，トウヒ林などに分けられる．

これらの森林を構成する樹木の胸高直径や樹高の大きさを林齢に置き換えて考えてみると，沖積錐上では，さまざまな遷移段階の森林が混在しているようにみえる．すなわち，土石流で森林が破壊された跡地には，まずタニガワハンノキやダケカンバなどの落葉広葉樹が優占する森林やカラマツの優占する森林ができ，次第にトウヒやウラジロモミ，コメツガなどの常緑針葉樹の優占する林へと変化していく．また，同じ沖積錐上でも，堆積している土砂の粒径や地下水面の高さなどは場所によって異なるが，沖積錐の末端部にハルニレが優占する林ができているのは，そのような環境の違いを反映しているのかもしれない．

過去に撮影された空中写真で観察すると，下又白谷の沖積錐では流路の位置が頻繁に変わってきたことがわかる（図3-11）．さまざまな遷移段階の植生が沖積錐上に混在するのは，流路が時々位置を変え，沖積錐上のあちらこちらを破壊してきたからであると考えられる．

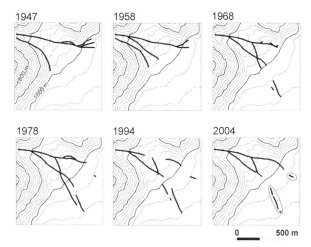

図3-11 下又白谷沖積錐における流路の位置の変遷．空中写真判読をおこない，土石流によって林冠が破壊されて裸地になっているところを流路とした．流路が消えたり途切れたりするのは，流路跡に植生が回復したり，流路際の樹木の枝が広がって流路がみえなくなったりするため．1978年まで流路の移動がとくに大きかったことがわかる．それ以降は沖積錐中部（扇央）から下部（扇端）にかけて，植生回復によって流路がみえなくなったところが増えたが，1985～1988年に複数の治山ダムが設けられた区間（2004年の地図に楕円で囲んだところ）では土砂の埋積などにより流路が明瞭なままになっている．

　林床にはシナノザサが覆うところが多いが，その濃さは場所によって異なっている．調査をおこなった各森林でもっとも太い樹木の直径とササの植被率との関係をみてみると，直径40 cm以下の樹木からなる森林ではササが林床にまったくないか少量しかないが，70 cmを超える森林ではササの植被率は80～100％になることが多い（図3-12）．このことから，土石流が発生した後に森林植生が回復していく過程で，ササの植被率が徐々に高まっていくものだと考えられる．

　土石流によってできた砂礫に覆われた場所にはトウヒやウラジロモミの実生[*4]がまとまって侵入するが，遷移が進んでトウヒの優占する森林になる頃には林床は再びササに覆われ，トウヒの後継樹はササに覆わない根株上や倒木上に少数みられるだけとなる．そして新たに土石流が起これば，ササが剥ぎ取られたり埋められたりして，トウヒ実生の侵入がまた可能になる．土石流による地表攪乱には，林冠木にほとんど損害

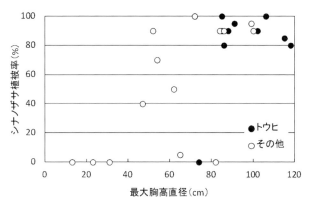

図3-12 樹木の直径と林床のシナノザサの植被率.小径木からなる森林ではシナノザサの植被率が低く,大径木からなる森林では80%以上の植被率となる.

を与えずに林床植生を破壊するものも含まれるので,土石流の影響範囲は図3-11に示されるような林冠欠落部に限定されずにその周辺の林床にも及んでいる.このように考えると,沖積錐上の森林更新に対する土石流の影響は面積的に決して小さいものではない.

　上高地谷では1950年代頃から,沖積錐への土砂供給や沖積錐上での流路変更を制御する砂防ダムや治山ダムがあちらこちらでつくられた(図3-13).下又白谷では,1985〜1988年に治山ダムがつくられたところで砂礫の埋積した幅広い裸地が形成され,植生の回復が進んでいない(図3-11).また,八右衛門沢(図3-9中のH)のように導流堤[*5]をいくつも設けて,流路を沖積錐の一部の範囲内に固定している例もある.土石流による攪乱によって変化し続けながら多様な植生がつくられてきた沖積錐において,このような工事は100年後,200年後の植生にどのような影響をもたらすであろうか.

　ところで,上高地谷の最奥部で合流する横尾谷の左岸には,沖積錐とその上部に続く崖錐にブナ林とよべる規模でブナが集中的に分布するところがある(図3-9中のY).上高地谷に多数存在する沖積錐の中で,なぜ横尾谷にだけブナ林があるのかは謎である(髙岡,2013).江戸時代から明治時代にかけておこなわれていた伐採の影響(コラム5　上高地のあゆみを参照)や,上高地谷の冷気湖[*6]形成の影響なども考えな

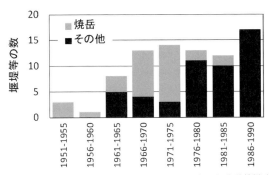

図 3-13　上高地谷につくられた堰堤などの施設の設置年．松本営林署（当時）の資料（松本事業区第 5 次施業計画　昭和 60 年度）および松本砂防工事事務所の資料（梓川流域地形図　平成 6 年）から作成した．焼岳以外の山域の 12 本の沢を「その他」としてまとめてある．この資料によると八右衛門沢では 1975〜1993 年に堰堤などが設けられたが，設置年が不明のためこの図に含めていない．

いと，この謎は解けないのかもしれない．

氾濫原と河畔林の発達

　梓川の大正池より上流では広い氾濫原があり，そこにはケショウヤナギ，エゾヤナギ，オオバヤナギ，ドロノキなど，ヤナギ科の植物を中心とする河畔林が発達している．梓川は時々流路の位置を変えながら氾濫原の中を流れており，河畔林は破壊と再生を繰り返している．このような河畔林がどのようなしくみで成り立っているのかについての詳細は，第 5 と 6 章を読んでいただきたい．本章では，河畔林成立の舞台となる氾濫原の広がり具合が上高地谷の地形・地質構成の中でどのように変化し，またそのような広がり具合の特徴が河畔林の成立の仕方にどのように影響しているのかをみていく．

　図 3-14 は横尾から明神にかけての氾濫原内の植生図である．この区間における氾濫原の平均幅はおよそ 300 m であるが，これは日本の山地でみられる河川上流部の氾濫原としてはとても広いといえる．しかし，場所によって氾濫原の幅は大きく変化し，700 m を超えるところもあれば 100 m 以下になるところもある．氾濫原の幅がとくに狭くなっ

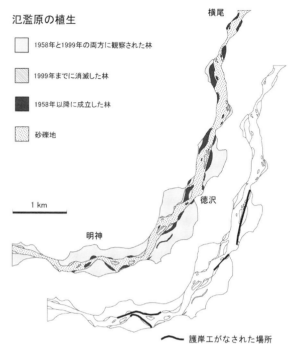

図3-14 梓川の氾濫原における河畔林の分布．1958年と1999年に撮影された空中写真から作成．砂礫地とした場所は，空中写真で判読できない稚樹群や小面積の低木林，水面を含む．着色していない植生図には護岸工がなされた位置を太線で記入してある（Takaoka, 2009を改変）．

ている場所のいくつかは，横尾の下流や明神の下流など，支流からの土砂が氾濫原上に沖積錐を押し出すようなかたちで形成した場所である（図3-9も参照）．氾濫原の幅が梓川両岸の山腹斜面の張り出し具合によってきまっていることはもちろんであるが，さらに，沖積錐の規模の大小が氾濫原幅の場所による違いを生じさせているのである．

図3-14は1958年と1999年に撮影された空中写真を用いて，この約40年間に河畔林がどのように変化したのかを図にしたものである．河畔林は上流から下流までほぼ連続的に形成されているが，40年という短い間にも消滅した森林や新たに形成された森林が随所に存在することがわかる．この図の上で，流路に直交する断面線を一定間隔で設け，氾濫原全体の幅と氾濫原のうち河畔林の存在しない部分の幅（空中写真で

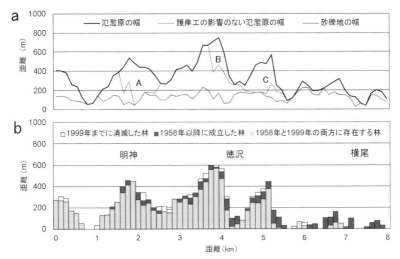

図 3-15 氾濫原の幅の変化と河畔林の構成．図 3-14 の上で，流路に直交する横断面線を 125 m 間隔で設け，氾濫原全体の幅と砂礫地の幅を計測して作成した．太い実線と細い実線に挟まれた範囲が河畔林の成立している範囲であり，太い実線と細い破線に囲まれた領域 A～C は，河畔林のうち護岸工によって河川の影響を受けなくなった部分 (Takaoka, 2009 を改変).

砂礫地や水面にみえるところ．以下砂礫地とよぶ）の値の変化について，折れ線グラフで表したのが図 3-15a である．前に述べたとおり氾濫原の幅は場所による変化が大きいが，砂礫地の幅は氾濫原の幅に比べて変化が小さく，150 m くらいの幅になっているところが多い．したがって，氾濫原が広い場所ほど河畔林の発達する幅が広いことになる．

1958 年以降に成立した若い河畔林がどれくらい占めるのかを断面線ごとにみてみると，河畔林全体に占める若い林の割合の大小は氾濫原の幅と関係していることがわかる（図 3-15b）．たとえば横尾からその下流にかけての区間や徳沢付近のように，氾濫原の幅が 200 m 以下となる区間では若い森林（棒グラフの黒い部分）の占める割合が 100 % かそれに近い場所がめだつ．それに対して，氾濫原の幅が広いところでは割合が低くなり 20 % 未満のところが多い．氾濫原の幅が狭い区間では，洪水や流路の位置の変更によって頻繁に河畔林の破壊と再生が繰り返されるために若い林の割合が高くなり，広い区間では老齢な林を含むさまざまな林齢の林が混在する河畔林が成立しているものと推測される．

図3-14の無着色の植生図中に示した太い線は，梓川本流沿いに護岸工がなされた位置である．このような護岸工は，上に述べた河畔林の分布パターンを変化させる可能性がある．図3-15aにおいて，太い実線と破線の折れ線に囲まれた領域A〜Cは，護岸工によって河川による攪乱から切り離された氾濫原（堤内地となった氾濫原）である．護岸を破壊するほどの大洪水が起きなければ堤内地A〜Cには梓川による攪乱が及ばないので，明るい砂礫地に侵入できるケショウヤナギのような樹種は侵入し生育することができない．そのため，堤内地となった場所からケショウヤナギが将来消失していく可能性がある．また護岸工はその区間の氾濫原の幅を狭くすることに等しいため，堤外地の河畔林は洪水や流路変更にともなう破壊を以前より頻繁に受けるようになり，若い森林の割合が高まることが予想される．

植生の成り立ちから学ぶこと

　ここまでみてきたように，上高地谷に多様な植生がみられるのは，植生が発達する土台となる地表が過去から現在にいたるさまざまな地形の形成作用によってつくられてきたからである．また，そのようにしてできた地表が現在も変化を続けているからである．
　いつ訪れても同じにみえる上高地谷の植生の風景は，長い間に変化を遂げてきたものである．崩壊や土石流，梓川の氾濫などによって植生が破壊された現場に偶然出くわすと，国立公園の大切な自然が台無しになってしまったという印象をもつ人がいるかもしれないが，それは誤解である．それはけっして残念な気持ちで眺める場所ではなく，植生変化のきっかけをつくる事件に遭遇できたことへの感激の気持ちが生まれるような場所であるし，新たな生態的プロセスの始まりを予感しながら心躍る気持ちになる場所である．
　植生変化を引き起こす地形変化は，時に災害をもたらすことになるため，上高地谷のあちらこちらに対策工事がおこなわれてきた跡がみられる．植生の豊かさへの影響を考えるときに，これこそが残念な気持ちになる場所である．本来は変化し続けながら存在する自然の動きを止めるような人間の行いが，そこに成立する自然の特色を変えてしまうことに

なることを想像する力を私たちはもっと養わなければならない．

注
*1 暖かさの指数　月平均気温が5℃以上の月を対象に，各月の平均から5℃を引いた値を積算したもの．5℃を超える月が植物の生育にとって重要であるとの考えに基づいている．
*2 ホルンフェルス化　熱による変成作用で堆積岩が硬く緻密な岩石に変わること．
*3 萌芽幹　休眠したまま樹皮に埋もれて潜伏していた芽から形成された枝を萌芽枝とよび，それが太く成長したものを萌芽幹とよぶ．
*4 実生　種子から芽生えた新しい個体．
*5 導流堤　流路を一定の範囲に保つために「ハ」の字型に配置された堤防．
*6 冷気湖　放射冷却によってできた冷たい空気が谷底や盆地など地形的に低いところに溜まったもの．

文献
気象庁 1972．気象庁観測技術資料第36号　全国気温・降水量月別平年値表　観測所観測（1941-1970）．気象庁．

小泉武栄・関 秀明 1988．高山の寒冷気候下における岩屑の生産・移動と植物群落：Ⅶ．北アルプス蝶ヶ岳の強風地植物群落．日本生態学会誌，38：201-210．

及川輝樹 2002．焼岳火山群の地質―火山発達史と噴火様式の特徴―．地質学雑誌，108：615-632．

及川輝樹・奥野 充・中村俊夫 2002．北アルプス南部，焼岳火山の最近約3000年間の噴火史．地質学雑誌，108：88-102．

尾関雅章 2001．長野県中信地方の植生―飛騨山脈東側山腹における亜高山帯植生の分布―．長野県自然保護研究所紀要，4：293-299．

高岡貞夫 1998．上高地下又白谷の沖積錐における土石流による攪乱と森林群落．上高地自然史研究会編『上高地梓川の地形変化，土砂移動，水環境と植生の動態に関する研究』上高地自然史研究会研究成果報告書4号：22-30．

高岡貞夫 2001．遷急線によって規定される山地斜面のブナの分布域．植生学会誌，18：87-97．

Takaoka, S. 2009. Effects of floodplain structure on the dynamics of riparian forests in a mountainous region of central Japan. *Geographical Reports of Tokyo Metropolitan University*, 44：1-9.

高岡貞夫 2013．北アルプス南部，横尾谷におけるブナ優占林の組成と構造．専修人文論集，92：251-265．

手打啓一郎 2006．飛騨山脈南部西穂独標および蝶ヶ岳の森林限界付近より上部における植生景観．上高地自然史研究会編『上高地および周辺山地の地形変化と植生構造に関する研究』上高地自然史研究会研究成果報告書10号：1-7．

宅見 啓・中根穂高・只木良也 1988．上高地，とくに焼岳周辺における生態遷移Ⅰ森林の成立過程．信州大学理学部紀要，23：21-32．

コラム1

上高地は神降地か？ —「かみこうち」の漢字表記

岩田修二

　最近,「上高地」を「神降地」と書いたのをテレビで観て違和感をもった.上高地を「神河内」と書くべきであるという主張があるのは知っているが,いまさら「神降地」を使うことに意味があるのだろうかという疑問を感じたのである.「かみこうち」の地名や漢字表記に関する論考はすでに多数ある.その表記の変遷からは,上高地の歴史が浮かびあがってくる.

　江戸時代の上高地は,飛騨と信濃を結ぶ交通路（飛騨新道）が通り,松本藩による森林伐採もおこなわれていた.地元（島々など梓川の山間部）での呼び名は「かみぐち」あるいは「かみうち」で,これらは川の上流域の意味である.この名称は地元では大正初期まで使われていたので,明治・大正時代の紀行文や登山記には上高地という漢字に「かみぐち」や「かみうち」とルビをふっているものが少なからずある.

　一方,江戸時代の地図や文書からは,かみこうちの漢字表記がさまざまであることがわかる.それらを書いたのは,おもに松本や安曇野の役人や知識人だった.もっとも古いものは1646年（正保3）の松本藩の絵図に書かれている「上河内」のようだ.松本藩が編集した地誌書『信府統記』(1724年；亨保9)でも上河内が使われているが,穂高神と関わりがある記述では「神河内」「神合地」が使われている.1802年（享和2）の林業関係の文章に,はじめて「上高地」が登場する.それ以後,林業関係の文書にはもっぱら上高地が使われるようになったが,飛騨新道関連の文書では上河内や神河内が使われ「上口地」もあった.

　江戸時代には僻地の地名の漢字表記は定まっておらず,表記する者が良かれと思う漢字を選択することもあったので,それぞれの用法をあれこれ議論することにはあまり意味がないと考える.ただ河内（こうち）には川の上流や谷間の平地の意味があるので,かみぐちの意味をくみとった漢字表記であるという見解も可能だろう.

　明治時代になって,森林管理の台帳（『安曇郡官林箇所限帳』1876年；明治9）に「字上高地内徳沢より古池に至」などの表記があり,のちに地籍台帳の登記名称になった.この上高地という表記は,1913年（大正2）発行の陸地測量部の5万分の1地形図幅槍ヶ岳・焼岳にも採

図　日本山岳会の『山岳』に書かれた記事（写真提供：若松伸彦）．

用され，地名として定着することになった．

　ところが，小島烏水をはじめとする日本山岳会の会員たちは「神河内」を好んで使った．「神河内の神苑」（山岳8年2号，1913）や「神河内ならぬ『上高地』は不快なところ」（山岳7年3号，1912）という表現のように，登山家のための神聖な上高地を強調し，上高地の俗化を嘆くという意図がうかがえる．小島烏水は『善光寺道名所図会』（1849年）に神河内が使われているのを知って「上高地は神河内が正しき説」という記事（山岳29年，1934）を書いたが，神河内という表記が広く使われるようにはならなかった．

　ところが，近年，ふたたび，上高地の神域性・聖地性を強調する表記を使う動きがある．明神館は「現在の明神地区は神域であることから，特別に『上』の代わりに神を使い『神河内』と呼ぶことが許されてきた」と主張する．神垣内という表記は「神垣内は，穂高神社の祭神『穂高見命』（ほたかみのみこと）が穂高岳に降臨し，この地（穂高神社奥宮と明神池）で祀られていることに由来する」と説明され，同じ意味で「穂高神社では神降地という」と説明される．このような近年の動きは，日本を代表する観光地「上高地」にいっそうの付加価値を与える商標として，これらの地名を用いているようにみえる．しかし，すでに広く使われ定着している地名を商売のために勝手に変更するのは混乱を招く行為である．

文献
安曇村誌編纂委員会 1998．『安曇村誌 第三巻 歴史下』安曇村．
上条 武 1983．『孤高の道しるべ 穂高を初縦走した男と日本アルプス測量登山』銀河書房．
明神館のホームページ　http://www.myojinkan.co.jp/kamikochi-name.html
岡 茂雄 1998．かみこうち宛字の詮索『新編炉辺山話』135-166．平凡社．

第二部
地形の変化と植物の動態

上高地谷ではさまざまな河川地形が見られる日本でも類まれな場所である．幅の広い河原の中を網目のように流れる梓川の河床，日本の山地でも有数の面積で広がる氾濫原，支流から流出した土砂の堆積によって形成された沖積錐など，これらの地形にはヤナギ類，ハルニレ，ウラジロモミ，サワグルミやトウヒなどさまざまな森林が広がり，その林床には各種の草本植物が見られる．これら植生の成立には土砂移動が大きく，変動の激しい上高地特有の地形が密接に関わっている．ここでは上高地の自然のしくみについて河川地形と植生の関係から総合的に説明する．

第4章

沖積錐の地形と植生

島津 弘・若松伸彦

沖積錐表面の微地形

　上高地の風景といえば，梓川の清らかな流れとそれを取り囲むようにそびえる岩山を思い浮かべるだろう．梓川沿いの遊歩道を歩きながら周囲の岩山を仰ぎ眺めると，岩山から崩れ落ちた土砂が沢筋に溜まっているようにみえる．これらの谷は上高地谷の平坦な場所に流れ下ったところに扇形の地形を形成している．この扇形の地形は多くの谷ごとにみられ，梓川沿いの遊歩道や登山道の一部はこの扇形の地形の上を乗り越えるように通過している．扇形の地形は，第2章で述べたように沖積錐という地形である．この第4章では上高地谷に流れ込む支流がつくる沖積錐とそこに発達する植生というテーマで，沖積錐の地形の特徴とでき方，沖積錐の地形の違い，沖積錐上の植生の特徴を読み解いていく．

　沖積錐は地形図をみると同心円状の等高線パターンとなっており，対岸の稜線からみてもきれいな扇形にみえる（図4-1）．しかし，実際に沖積錐の上を歩いてみると細かな凹凸があり，一様な滑らかな地形ではないことに気づく．まずは，沖積錐表面の細かい凹凸がどのようなものかみていこう．

　図4-2は明神池（三の池）すぐ下流にあるワサビ沢（右岸）沖積錐の表面の細かい凹凸の配置を測量から描き出した地図である（島津ほか，1998）．標高が高い図の左側から低い右側へと延びている細長い形が特徴的である．この地形は周りよりも数10 cm～3 m程度盛り上がっており，幅5～10 mで長さが10～20 m続く地形である．この細長い地形は折り重なるように，時々分岐するように標高の低い方へと延びており，標高の低い側の末端部分が急になっている．このような形の地形を舌状

図 4-1　パノラマ新道からみた古池沢沖積錐.

図 4-2　ワサビ沢（右岸）沖積錐地形学図（島津ほか，1998 を改変）.

地形（ロウブ）と呼ぶ．沖積錐の標高が高い側にはより細く，長く，高さのあるロウブが，低い側には幅が広く，平坦なロウブが分布している．細長い方のロウブの末端の急になっているところには中径が 1 m を超える巨礫が積み重なっている．

　このような特徴をもった地形は，土石流が停止した際に形成された地形で，土石流ロウブとも呼ばれる．土石流は水と泥や砂と大きな礫がいっしょに流れるもので，巨大な礫も流れるという特徴をもつ．2014

年に長野県南木曽町の木曽川支流で発生した土石流や，同じ年に広島市郊外で発生した土石流も同じような特徴をもっている．大きな礫が止まった際に，その後ろを流れていた礫が将棋倒しのようにして止まることによって，このような盛り上がった地形が形成される．さらに後ろに続いて流れてきた砂や泥は，ロウブを乗り越えたり，ロウブの横を回り込んだりしてさらに下方へと流れ続ける．砂や泥も勾配がより緩やかなところで停止する．それが，標高が低い側に分布している幅が広い平坦なロウブである．上高地谷の沖積錐のそれぞれで，ロウブの大きさや礫径は異なるものの，表面にこのようなロウブが分布しているという点は共通している．したがって，いずれの沖積錐も支流で発生した土石流が積み重なって堆積して形成された地形なのである．

　明神地区にある登録有形文化財「旧上高地孵化場飼育池」の裏手，ひょうたん池への登山道の登り口付近の下宮川谷沖積錐上に，比較的新しく形成されたロウブなどの土石流の発生によって形成されたさまざまな地形がみられる．これは1998年8月に発生した土石流によって形成された地形である（三島，2002）．1998年以降も大雨の時には新たな土石流の流下や侵食によって沖積錐表面の地形は時々変化する．

段のある沖積錐の地形

　明神から徳沢へ向かう登山道がワサビ沢（左岸）を過ぎ，左に池を見ながら平坦な道を進むと，右側に登山道に平行して緩やかに登っていく斜面がみえる（図4-3左）．その斜面と登山道の間には小さな段差が現れる．さらに少し進むとその段差は立ちはだかるような急斜面となる（図4-3右）．しばらく進むと古池沢から流れてきた新しい土砂が堆積している場所に出る（図4-4）．この地形を測量して等高線を描いたのが図4-5である（島津，1998）．この図をみるとわかるように，登山道は池の前からずっと古池沢の出口に形成された沖積錐の末端に沿って通っていたことになる．この沖積錐は地形図の等高線からは一つの面からなる扇形をしているようにみえるが（図4-1），実際には扇形の地形の中に急な段差（崖）によって分けられる複数の面からなる地形をしているのである．図4-5で等高線が密集しているところが急斜面の段（崖）で

図 4-3 登山道からみた古池沢沖積錐末端部．(左)が氾濫原に連続的につながる沖積錐末端．(右)が氾濫原との間に急斜面（崖）が形成されている沖積錐末端．

図 4-4 古池沢から現在も流出し続けている土砂．

等高線の間隔が開いているところが，沖積錐の表面である．このように沖積錐の表面は，河川の両側でよくみられるような階段状地形の河岸段丘のように，崖を境とした高さが異なる面に区分できる．このような階段状の地形を面として区分したものをそれぞれ H，M，L1，L2 の記号をつけて図 4-5 に示した．

M 面としたところが，もっとも広い面積を占めている．一般的な沖積錐では，流れてきた土石流が単純に積み重なっていくため，沖積錐の末端には崖は存在しない．しかし，この M 面と上高地谷底の間にはとても急な崖が存在しており，しかもその崖は梓川に平行するように延びている（図 4-3）．それよりも高い位置にある H 面は，M 面との境界（古池沢の流下方向）と谷底方向の末端（梓川と平行する方向）に崖がみら

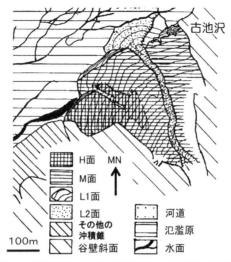

図 4-5 古池沢沖積錐地形面区分図（島津，1998 に基づき作図）．
等高線の間隔は 5 m．方位は磁北．

れる．L1 面は M 面および現在も土砂が堆積を続けている L2 面との境目にそれぞれおよそ 2～10 m 以上の高さの崖がある．

　これらの崖と，高さが異なる面のでき方は，崖の連続性と方向，沖積錐上の植生，崖下の氾濫原の植生から推定できる（第 5 章も参照）．古池沢の河道の南西側にある M 面末端の崖と L1 面と L2 面の境界をなす崖は古池沢河道を挟んでつながるような位置にある．また，M 面と L1 面との境界をなす崖と，古池沢の上流側の谷壁斜面も連続するような位置にある．L1 面と L2 面の境界の崖の延長には，氾濫原上の林分の境界（進ほか，1999）が続いている．L2 面は，1930 年代に一斉に発芽して成立したサワグルミ林に覆われているが，その中に L2 面の土砂に根元が深く埋められた樹齢 100 年を超えると思われるヤナギ類がみられる．ヤナギ類は通常，河原などの裸地で発芽し成長する樹種であり，沖積錐上で生育する樹種ではない．一方，L1 面以上の高い面には樹齢が 200 年以上に達すると思われるトチノキの大径木がみられ，ヤナギ類は存在していない．図 4-6 はそのようすを示した模式的に表した断面図である．沖積錐は流れてきた土石流が氾濫原に堆積して面積を拡大していく．一方で，沖積錐の末端は本流の河川による侵食を受ける可能性があ

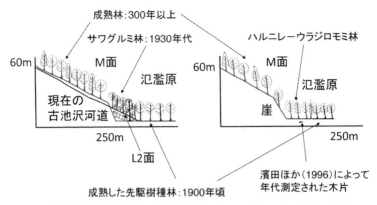

図 4-6 古池沢沖積錐末端部の模式断面図. 濱田ほか (1996) の木片の年代については第 5 章を参照.

り,沖積錐の拡大方向と直交する形で崖が形成される. すなわち,M 面の末端の崖や L1 面と L2 面の間の崖は崖の方向に平行する流れ,すなわち梓川の侵食によってつくられたことになる.

このようなことから,古池沢沖積錐のでき方は次のように考えられる (島津, 1998；2009).

①かつて,M 面の崖下に梓川の河道があり,沖積錐の末端を侵食していた.

②梓川の位置が移動して古池沢沖積錐の対岸へ遠のくと,沖積錐の前面は氾濫原となり,支流から流れ出た土砂が氾濫原上に堆積し続け,沖積錐が氾濫原上に拡大していった.

③再び梓川河道が古池沢沖積錐寄りに移動し,沖積錐の末端を梓川が削り,L1 面と L2 面の境の崖から古池沢の河道を挟んで下流側の M 面末端に続く崖が形成された. それとともに,沖積錐上の河道が沖積錐を下へと削ったため,元の沖積錐表面との間にも崖が形成された.

④さらに再び,梓川の河道が沖積錐の対岸に移動すると,支流から流れ出た土砂は沖積錐前面のヤナギなどの先駆植物に覆われた氾濫原上に堆積をし続けて,新たな沖積錐 (1930 年代に大きく拡大したと考えられる) がつくられた.

この地形形成を表すモデルが図 4-7 である (島津, 1998；2009). なお,1912 年に測量された古い地形図には,古池沢の沖積錐末端付近に

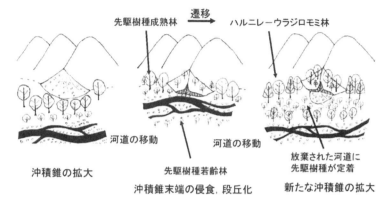

図 4-7 沖積錐発達モデル．梓川の移動によって沖積錐の地形が変化した．氾濫原上の植生の特徴と関係については第 5 章を参照．

この地形形成のモデルにあるような元の河道と思われる線状の荒れ地が描かれている．さらに，ワサビ沢（左岸），六百沢，上宮川谷，下又白谷などの他の沖積錐にも古池沢沖積錐と同様に数段の階段状の地形と，侵食崖がみられる末端があり，この沖積錐の地形発達モデルは，上高地の沖積錐に広く適用できると考えられる．

流域の地形・地質によって異なる支流出口の地形

　沖積錐は流域の大きさや地質によって，地形の特徴が異なっている．まず，流域面積が大きい支流の出口には大きな沖積錐が形成される傾向がある（島津・藤牧，1996）．これは，大きな流域をもっている谷ほど，出てくる土砂の総量が多く，堆積する土砂量も多くなるからである．しかし，明神付近の白沢，徳沢，黒沢など流域面積が大きいにもかかわらず，沖積錐が形成されていない谷も存在する（島津・藤牧，1996：第 2 章参照）．これは，これらの支流では河床勾配が緩く，支流の上流で発生した土石流が上高地谷との合流まで到達しないからである（島津，1995）．また岳沢については第 2 章でも述べたが，上高地の支流でも，きわめて特殊な地形をしており，現在沖積錐は形成されていない（第 2 章参照）．

　沖積錐が存在している支流においても，沖積錐にはいくつかのタイプ

がある．この違いには支流上流の地質が大きく関係していて，支流の谷底の堆積物の特徴に現れている．前穂高溶結凝灰岩が上流の広範囲を占めているワサビ沢（右岸）のような支流では，1m前後の大きな，角ばった礫が堆積している．一方，奥又白谷，六百沢のように，花崗岩が上流域で広範囲を占めている谷底では，2mから3mを超えるような巨大で全体的に丸みを帯びた巨礫が転がっている（石田，1998）．また谷底が磨かれたような岩盤になっているところも多くみられる（島津，1995）．ワサビ沢（左岸）や古池沢のような沢渡コンプレックスと呼ばれる堆積岩が広く占める支流では，最大でも1m程度の角が鋭く尖った礫が堆積している（島津，1995）．

　前穂高溶結凝灰岩の流域では，大きな礫からできている盛り上がりがはっきりした細長いロウブが形成されており，礫の間には隙間が多くみられる．一方，花崗岩の流域ではロウブ先頭の礫の集積は明瞭であり，ロウブの高さも同程度であるが，ロウブの幅が大きく，礫の間に砂がうまっていて，前穂高溶結凝灰岩からなるワサビ沢（右岸）より勾配が緩やかな沖積錐が形成されている．堆積岩の流域では，ロウブの規模は小さく，盛り上がりや礫の集積もやや不明瞭である．ロウブの礫のすき間は砂や泥で充填されている．

　このような違いは，地質による岩盤の割れ方の違いに原因がある．溶結凝灰岩や花崗岩は，岩盤に節理と呼ばれる割れ目が大きく入るという特徴があり，大きな塊で割れやすい．ただし，花崗岩の岩盤は風化するとマサと呼ばれる砂がつくられるとともに，風化した中に丸みを帯びたコアストーンと呼ばれる，直径数10cm～数mの固い核が残される．このコアストーンが礫として流れ出すことからロウブには丸みを帯びた礫が多数含まれる．沢渡コンプレックスと呼ばれる堆積岩は，細かい層が幾重にも積み重なってできているため，数cm～数10cm程度に小さく割れやすく，大きな礫として残りにくい．このような特徴が支流の谷底に堆積する礫にあらわれ，結果的にそれが沖積錐の表面の地形や堆積物の特徴にも反映されたのである．

表4-1 沖積錐ごとの優占樹種と地形の関係．上数字は胸高断面積（㎡/ha），下括弧数字は各地点における樹木本数（金子ほか，2010を改変）

地質	堆積岩							花崗岩							
谷名	無名の沢		白沢の支流		古池沢			下又白谷						六百沢	
標高(m)	1,550	1,570	1,630	1,630	1,550	1,550	1,550	1,650	1,600	1,600	1,650	1,620	1,600	1,525	1,525
出現種数	3	5	3	4	4	6	2	10	12	7	9	4	11	13	6
最大直径(cm)	61.5	7.6	47.5	55.3	88.0	33.2	54.5	34.8	28.6	33.6	32.3	33.3	23.6	30.4	38.5
種名															
サワグルミ	62.5(98)	3.7(81)	17.7(35)	26.9(22)	36.0(24)	13.7(89)	40.4(64)	0.4(1)	0.2(1)	—	—	—	—	1.3(3)	3.1(5)
カツラ	—	0.6(13)	—	26.9(22)	114.3(76)	—	—	—	—	—	—	—	—	7.7(20)	6.5(11)
ウラジロモミ	—	—	11.5(23)	67.5(56)	—	—	—	1.9(5)	2.1(8)	—	7.2(10)	—	—	—	—
タニガワハンノキ	—	—	—	—	—	—	—	13.2(33)	19.5(73)	36.7(78)	24.4(35)	30.3(76)	2.7(20)	9.4(24)	—
カラマツ	—	—	—	—	—	—	—	21.0(53)	—	8.9(19)	8.2(12)	8.7(22)	0.0(0)	6.6(17)	—
シナノキ	—	0.2(5)	—	0.1(0)	—	—	—	1.8(4)	0.3(1)	0.8(2)	6.2(9)	—	—	—	—
トウヒ	—	—	—	—	—	—	—	0.9(2)	—	0.5(1)	—	—	0.3(2)	—	—
ダケカンバ	—	—	—	—	—	—	—	—	—	—	2.9(4)	—	8.8(65)	—	—
エゾヤナギ	—	—	—	—	—	—	—	—	—	—	15.0(22)	—	0.0(0)	—	—
シラカンバ	—	—	—	—	—	1.8(7)	—	—	—	5.4(8)	0.9(2)	0.9(7)	8.1(20)	—	—
以下省略															
胸高断面積合計(cm²)	64.1	4.6	50.6	121.5	150.5	15.5	63.7	40.0	26.7	47.3	69.7	39.9	13.5	39.3	58.0

図4-8 下又白谷の沖積上で優占するトウヒ林.

沖積錐上に成立する森林

　沖積錐上には梓川の氾濫原やいわゆる一般的な斜面とは異なった森林が成立している（第3章を参照）．氾濫原にはケショウヤナギやエゾヤナギ，オオバヤナギなどのヤナギ類などのどちらかというと先駆性の樹種が多い．先駆性樹種の森林は攪乱によって森林が大規模破壊をされなければ，より遷移段階が進んだハルニレやウラジロモミの森林に変わることはない．3,000 m 級の稜線からの山腹斜面は，シラビソやオオシラビソ，コメツガなどの常緑針葉樹林になっており，時折ダケカンバなどの広葉樹が混じる．前節で述べたように，上高地谷の沖積錐の地形は，上流域の地質との関わりが強いが，その上に成立している森林も同様に地質の影響を受けている．

　表4-1 は上流域に花崗岩と堆積岩が卓越している沖積錐上の林冠を形成している主な樹木種を示したものである．古池沢のような堆積岩が流域を占める沖積錐ではサワグルミやカツラが優占し，全体的に種数が少ない．それに対し，花崗岩の沖積錐では，タニガワハンノキ，カラマツなどが優占し，種数が多い．堆積岩の沖積錐は全体的に粒が揃ったやや小さな礫が堆積しているのに対して，花崗岩の沖積錐には大きな礫と小さなマサが堆積しており，立地のバリエーションが多様なために樹種も豊かになっていると考えられる．また，花崗岩の沖積錐では土石流が頻

繁に発生しており（前節を参照），流路の位置が頻繁に変わっている（石田，1998）．そのため，さまざまな遷移段階の森林が同じ沖積錐の中で存在している．

下又白谷の沖積錐上のトウヒ優占林

表4-1のうち，下又白谷の沖積錐でトウヒが分布していることが示されている．トウヒを含むトウヒ属の樹種は，北方系の針葉樹種とされ，最終氷期には日本でも広域に分布し，優占林を形成していたことが花粉分析や大型遺体の検出などにより明らかになっている．しかし，現在の中部山岳地帯の亜高山域では，モミ属のシラビソやオオシラビソが優占林を形成し，トウヒは単木でのみ出現することが多い．しかし，下又白谷ではトウヒがかなりの高頻度で出現し，優占林を形成しておりきわめて珍しい状況である．下又白谷のトウヒ優占林は気候変動に伴って北方系の針葉樹種が衰退した原因を探るうえでも注目に値する森林である．

表4-2は下又白谷沖積錐のトウヒが優占する林内に1 haプロットを設置し，林分の構造を示したものである．プロット内で胸高断面積合計がもっとも高かった樹種はトウヒであるが，亜高木層，低木層にはほとんど存在せず，小さな実生や稚樹も倒木の上に稀に出現するものの非常に少なかった．そのような亜高木層や低木層ではシナノキとイチイが多い傾向にあり，トウヒ林が持続的に更新をおこなっていないことがわかった．

林内には沖積錐特有のロウブ地形が多数存在し，トウヒの成木個体はその先端部に集中分布している傾向がみられた．これらトウヒの年輪を計測した結果，120～150年の間に一斉に定着したことが明らかとなった．つまりこれらトウヒはこのような花崗岩由来の細かなマサによるロウブ地形上を更新定着サイトとして，一斉更新をおこなうことで優占林を形成していると考えられる．

上高地の花崗岩で形成されている沖積錐では，土石流による攪乱が頻発しているおり，このような類稀なる状況が，本来優占するはずのないトウヒの優占林を成立しているのである．

表 4-2　下又白谷のトウヒ優占林の林分構造

樹種	総本数	幹数密度(本/ha) 樹高:25m以上	樹高:10〜25m	樹高:10m以下	胸高断面積合計(m^2/ha)	胸高断面積割合(%)	最大胸高直径(cm)
イチイ	127	3	51	73	7.8	12.0	87.5
トウヒ	83	81	1	1	27.0	41.4	125.6
ウラジロモミ	74	60	9	5	16.7	25.5	93.7
シウリザクラ	65	0	25	40	1.4	2.2	57.3
シナノキ	62	33	21	8	6.2	9.5	58.9
オオカメノキ	15	0	0	15	0.0	0.0	7.6
ダケカンバ	13	5	8	0	1.5	2.4	65.7
コメツガ	9	8	1	0	2.1	3.2	69.1
サワグルミ	4	1	2	1	0.1	0.2	24.4
ミヤマザクラ	4	0	1	3	0.1	0.1	28.5
オヒョウ	2	2	0	0	0.7	1.1	77.1
カツラ	2	1	1	0	0.0	0.1	20.1
ハリギリ	2	1	0	1	0.0	0.0	18.1
タラノキ	2	0	0	2	0.0	0.0	5.7
カラマツ	1	1	0	0	1.1	1.6	116.8
クロベ	1	1	0	0	0.4	0.6	69.9
タニガワハンノキ	1	1	0	0	0.1	0.1	31.6
ウワズミザクラ	1	0	1	0	0.0	0.1	24.4
総計	468	198	121	149	65.3	100	

文献

石田 武 1998. 六百沢沖積錐における土砂移動プロセスと地形特性. 上高地自然史研究会編『上高地梓川の地形変化，土砂移動，水環境と植生の動態に関する研究』上高地自然史研究会研究成果報告書，4号：6-11.

金子泰久・若松伸彦・川西基博・米林 仲 2010. 上高地の沖積錐における先駆樹種の分布と生育立地. 上高地自然史研究会編『上高地における河畔植生の動態と地形変化に関する研究』上高地自然史研究会研究成果報告書，12号：54-61.

島津 弘 1995. 上高地における河床の地形，堆積物と土砂移動. 上高地自然史研究会編『上高地梓川の河床地形変化とケショウヤナギ群落の生態学的研究』，1号：3-6.

島津 弘 1998. 古池沢沖積錐の地形と土砂移動プロセス. 上高地自然史研究会編『上高地梓川の地形変化，土砂移動，水環境と植生の動態に関する研究』上高地自然史研究会研究成果報告書，4号：12-21.

島津 弘 2009. 河川の氾濫がつくり出す環境多様性—上高地，梓川の氾濫原における地形・植物多様性—. 金沢大学文学部地理学教室編：自然・社会・ひと～地理学を学ぶ～. 古今書院，33-46.

島津 弘・藤牧康子 1996. 上高地・梓川支流における堆積地形の特性. 上高地自然史研究会編『上高地梓川の河床地形変化と河辺林の動態に関する研究』，2号：1-9.

島津 弘・岸本淳平・西方実奈子・細田高志・粉川 亮 1998. 上高地・右岸ワサビ沢沖積錐における微地形分類図の作成. 地域研究，38（2），38-43.

進 望・石川慎吾・岩田修二 1999. 上高地・梓川における河畔林のモザイク構造とその形成過程. 日本生態学会誌，49：71-81.

三島啓雄 2002. 梓川上流部支流における土石流の流下・堆積特性. 上高地自然史研究会編『上高地梓川における流域生態系の構造と変動に関する研究』上高地自然史研究会研究成果報告書，7号：7-18.

第5章

河畔林と河道植生の動態

石川愼吾・島津 弘

本章では河畔林および河道内のパッチ状植生の形成と動態をさまざまな時空間スケールの地形変動との関係から述べる．

河畔林と河道の植生

　上高地で河畔林がもっともよく発達しているのは，明神から徳沢にいたる梓川の左岸である．ここでは樹高25mを超えるヤナギ類，ハルニレ，ウラジロモミ，カラマツなどからなる林冠の連続した河畔林が幅400m，長さ1km以上にわたって発達している．林冠が連続しているものの，よくみると樹冠の形や色が異なる林分が，入り混じっているようすがわかる．ヘリコプターで真上からみると，その違いがさらによくわかる．河畔林の樹高や色合いは，あるところでは微妙に，またあるところでは明瞭に異なっており，多様な樹種の混じり方もまた複雑である．ヘリコプターから撮影した写真と，現地を歩いて作成したのが図5-1である（進ほか，1999）．

　河道には植生の発達していない礫河原が広い面積を占めており，小面積の多くのパッチ状の林分が散在している．これらのパッチ状林分の構成種は，ケショウヤナギ，エゾヤナギ，ドロノキ，オオバヤナギ，タニガワハンノキ，カラマツなどの先駆樹種である．これら樹種が混生していることもあるが，ほとんどのパッチで優占種がはっきりしていて，しかもほぼ年齢のそろった個体で構成される同齢林分である．また，もっとも多いのがケショウヤナギの優占するパッチであるが（第6章を参照），河道にはケショウヤナギやオオバヤナギの大木も残存しており，それらの下流側には大木よりも若い個体の林分が形成されている．大木

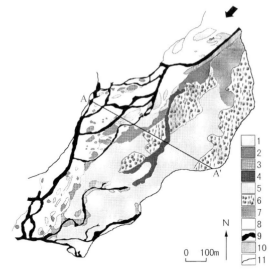

図 5-1　明神—徳沢間の河畔林と河道の植生図（進ほか，1999 を改変）．1）先駆樹種の低木林，2）先駆樹種若齢高木林，3）エゾヤナギ—タニガワハンノキ林，4）タニガワハンノキ林，5）先駆樹種の成熟林，6）ハルニレ—ウラジロモミ林，7）カラマツ林，8）河道の裸地，9）流路，10）人工堤防：11．山麓と河床の境界．

が障害物となって，その下流側にできた砂礫州に先駆樹種が侵入・定着したことがうかがえる．河道のパッチ状の林分は，ほぼ同じ樹齢の個体で構成された一斉林である．河畔林が河道に接した部分にも，帯状に先駆樹種の林分があるが，この部分も洪水などで林分が頻繁に破壊され，新しくできた裸地に再度の侵入と定着を繰り返している林分である．

河畔林の中でもっとも広い面積を占めている部分は，中央部の先駆樹種の成熟林である．これは樹齢約 110 年のケショウヤナギ，オオバヤナギ，ドロノキ，カラマツなどの先駆樹種が，河原の裸地に侵入・定着したものがそのまま成長して成熟したものである．その亜高木層には数十年生のハルニレやウラジロモミが生育している．ハルニレやウラジロモミはケショウヤナギなどの先駆樹種が成長した後にそれらの林床に侵入・定着したものであり，これらは遷移中期の樹種であるといえる．

左岸のもっとも山腹に近い部分と連続した河畔林の中央の一部には，ハルニレ—ウラジロモミ林やヤチダモ林などが成立している（図5-1）．

なかには樹齢が300年近いハルニレの大径木も生育している．これらは洪水や流路の移動による大規模な破壊から免れてきた林分と考えられ，梓川河床に成立する植生の中ではもっとも遷移が進行している．これらの林分には周辺の山腹に成立している極相林の構成種であるシラビソやトウヒなどが混生していることもある．しかし，個体数はわずかで，これらの極相樹種は土石の堆積などときどき起きる洪水による攪乱作用に弱いことが考えられる．このように梓川の攪乱作用のおよぶ範囲は，周辺の気候的極相林とは異なる樹林で構成されており，それがこの地域の植生の多様性を高めているといえる．

梓川河道の移動と氾濫原の植生変化

　第4章（「段のある沖積錐の地形」）で述べたように，梓川の河道と氾濫原の位置関係が時代によって変化してきた（島津，1998；2009）．明神—徳沢間の左岸の氾濫原に発達する河畔林の形成を，梓川の河道の移動との関係から読み解く（図4-7を参照）．

　古池沢沖積錐の上流側に位置する氾濫原の地形断面とそこに生える木本の推定発芽年代，林分の関係からは地形変動と河畔林の動態の関係が読み取れる（図5-2；島津，2004；2009）．現在の梓川河道と接している河畔林には，若い先駆樹種林が形成されている．そこから左岸の谷壁斜面に向かって，ハルニレ—ウラジロモミ林，1900年頃に発芽した成熟したカラマツとヤナギ類を中心とした先駆樹種林，1860年代以前から存在しているハルニレやウラジロモミなどからなるハルニレ—ウラジロモミ林（図5-2）と前節で述べたように林分が梓川河道に平行した帯状に配列している（図5-1；進ほか，1999；川西ほか，2003）．

　谷壁斜面寄りのハルニレ—ウラジロモミ林となっている氾濫原の地表から深さおよそ50 cmの砂の層の中に木片が埋もれていた．この木片の放射性炭素年代を測定したらおよそ360年前の年代が得られた[*1]（濱田ほか，1996）．すなわち，おおまかにみて400年前に「木片」となり，砂に埋もれたことになる．この砂の層の下の深さおよそ80 cmには礫が堆積していることから，かつてのこの場所にあった流路が木片を含む砂で埋められたのがおおよそ400年前ということができる．また，かつ

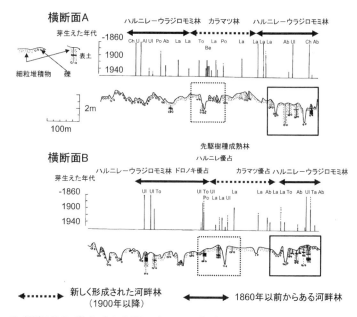

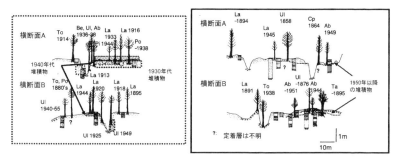

図 5-2 氾濫原の地形断面，表層堆積物および植生と樹木の発芽の年代，樹木の根元の埋没状況（島津，2004：2009による）．横断面の位置は図5-4を参照．

ての梓川の河道は左岸谷壁斜面に接しており，古池沢沖積錐（図4-5：M面）の末端を侵食していた．そのようすは，現在のワサビ沢（左岸）沖積錐の末端の崖下に梓川の河道が位置しており，梓川が沖積錐の末端を侵食しているのと似ている．なお，ワサビ沢（左岸）を越える登山道が次々と山側へつけかえられたのは，このような侵食による．

その後，梓川河道は移動により，沖積錐の前面は氾濫原となり，古池

沢から流出した新たな土砂が堆積してL1面が形成された．氾濫原の中の流路跡が砂によって埋められていくが，それは400年前頃のことである．その当時の氾濫原は先駆樹種に覆われていたが，その後ハルニレやウラジロモミに置き換わっていった．ふたたび，梓川は左岸側へ移動し，L1面の前面を侵食する．その当時の梓川河道はハルニレ，ウラジロモミ，イチイを含むやや遷移の進んだ林に挟まれていたことになる．

1900年頃に梓川は現在の河道の位置に移動する．元の河道と現河道の間にそれ以前から成立していたハルニレ―ウラジロモミ林が存在していることは，河道が移動するときに林を壊しながら徐々に現在の河道の位置まで移動したのではなく，河道の位置が現在の位置に切り替わったことを示している．常時流れる流路がなくなったそれまでの河道では，ほぼ全面でいっせいに発芽したヤナギ類やカラマツなどの先駆樹種が，洪水による大きな攪乱を受けずそのまま生長を続けることができた．明神から徳沢までの登山道は主として左岸の河畔林の中にあり，とくに，古池沢の手前から徳沢の手前の河岸の崖までの区間は密生した河畔林に覆われた平坦な氾濫原を通っている．1900年頃まで河道であった先駆樹種林は登山道よりおもに山側に位置している．

このようにして，現在は，河道の方向に平行して帯状に配列した林齢200年を超えるハルニレ―ウラジロモミ林，約100年の先駆樹種成熟林および河道に沿った先駆樹種若齢林によって構成される河畔林となった（図5-3）．梓川が幅の広い上高地谷の中で数100年ごとに位置を変えたことにより，沖積錐の地形が変化するとともに，氾濫原上には林齢の異なる群落が帯状に配列する河畔林の構造がつくられたのである（図4-7，図5-1）．

氾濫原の微地形と氾濫原における土砂移動

河道が右岸寄りに移動したとはいえ，左岸の氾濫原が梓川本流の影響をまったく受けなくなったわけではない．梓川で大きな洪水が発生すると，河道から氾濫原へと水があふれ出し，それとともに土砂も流入した．現在の河道と氾濫原との境界付近には，河道側から氾濫原へ入り込むロウブ状の地形がみられる（図5-4）．この地形は沖積錐上にみられ

図 5-3 河畔林の中にみられる 100 年前の河道. 旧河道部分にはカラマツやヤナギ類などの先駆樹種が生育している.

る土石流ロウブとは少し異なっていて,土石流ではなく洪水流で運ばれた土砂が堆積したごく小規模なものである.現在の河道からの土砂流入によって,河岸に近い部分の林分のみが破壊されるが,土砂そのものは氾濫原内部のハルニレ—ウラジロモミ林の林床まで流れ込んでいるものもある.

　氾濫原の地表は,現在の河道と同様に 1～2 m の凹凸がある(図 5-2).凹部は梓川河道に平行して延びている溝である(図 5-4).これらの溝には連続しているものと,途中で途切れてしまうものがある.溝の中には小さな階段状の地形があり,溝の周囲には砂が堆積した高さが 20 cm 程度盛り上がった地形と,その砂によって根元が埋まった樹木がみられた(図 5-2).溝の周辺には河畔林の樹冠よりも樹高が低く,より若いヤナギ類やカラマツ,チョウセンゴヨウ,ウラジロモミ,ハルニレがみられた.それらの樹齢を調べると,根元が砂や小礫などで埋まったものは 1930 年代の,根元を埋める堆積物上に根を張るものは 1940 年代に発芽していた(図 5-2).

　このような地形・植生は 1930 年代と 1940 年代に梓川で生じた大規模な洪水によって,水と土砂が上流側から氾濫原に流れ込むことにより形成された.水と土砂は溝を流下したが,所々で溝からあふれ出て堆積し,溝の中や溝の周囲に生えていた樹木を倒した.樹木が倒れたところでは,日光が入る場所が形成された.また,溝からあふれた土砂によ

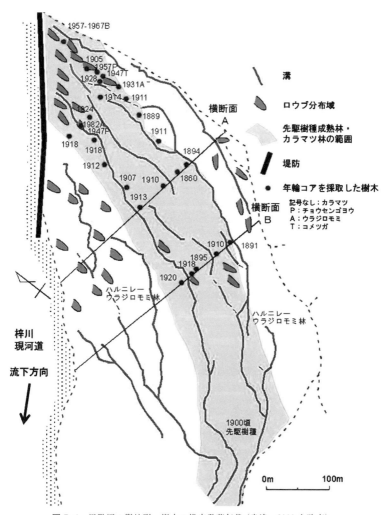

図5-4 氾濫原の微地形，樹木の推定発芽年代（島津，2009を改変）．

り，林床の植物が埋まってしまった．この結果，カラマツ，ヤナギなどの先駆樹種やハルニレ，ウラジロモミ，チョウセンゴヨウなどが発芽・生長を可能とする環境が氾濫原内に出現した．1947年に米軍が撮影した空中写真には，河畔林の中に線状の林の切れ目が写っている（進ほか，1999）．この切れ目は1940年代に発生した氾濫原に土砂が流入する大規模な洪水により，溝に沿って林が部分的に破壊されて形成された．

左岸谷壁斜面寄りのハルニレ―ウラジロモミ林内にある途中で途切れた溝と，溝から放射状に広がるロウブの上には，林冠より低く，やや細く，ほとんど同齢の数多くのウラジロモミが生えている．溝を流れてきた土砂が溝を埋め，さらにその場所で土砂が溝からあふれ出して堆積することにより，ロウブが形成された．林冠をつくっている大きな木は倒れず，林床が埋められただけだったため，林床のやや暗い環境で新たにウラジロモミが一斉に発芽し，生長したと考えられる．

　上高地の氾濫原では，河道に近い場所だけが土砂氾濫の影響を強く受けるわけではない．氾濫原内の溝を通って流れ下る水が溝の周囲の侵食を引き起こし，溝を流れた土砂が溝から氾濫して堆積することにより，溝に沿って生えていた植物に大きな影響を与える．このような地形現象により，氾濫原の中にスポット的に植生が破壊される場所ができる．このことも，さまざまな樹齢の木が混在する要因となり，氾濫原上の河畔林の多様性を高めるのに寄与している．

梓川河道の地形変化

　一般に網状流河川の河道の地形は変化が激しく，上高地の梓川河道も地形変化が激しい（第2章参照）．上高地自然史研究会はその変化と河道に分布するケショウヤナギなどの植生の動態との関係を明らかにするために継続調査地を設定し，1994年以降，1997年をのぞき，毎年8月に測量をおこない，地形学図を作成してきた．継続調査地は明神―徳沢間の幅の広い河道で，人工的改変が少ない場所である．図5-5は継続調査地において2008～2011年に作成された地形学図である（上高地自然史研究会，2009，2010；島津，2013）．地図には高さ1m程度以下の明瞭な段差（小崖），不明瞭な段差（小崖），浅く細い溝といった微地形と，測量時に認められた水面，孤立木，植生で覆われた場所が示されている．水面はふだんの梓川や支流の水が流れている流路で，大部分は小崖に挟まれている．ただし，場所によっては地図に表していないわずかな凹みに水が流れている場合もある．

　図5-5の地図を見比べると，この期間は地形が毎年大きく変化した（島津，2013）．変化のしかたをみてみると，前年にみられた流路が途切

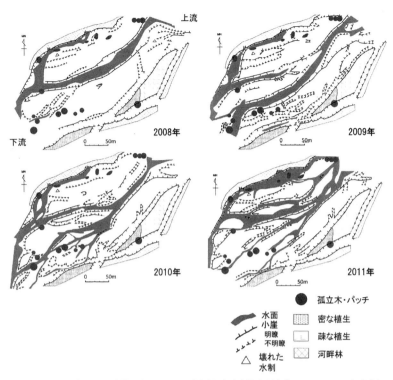

図 5-5　継続調査地の地形学図（2008〜2011年）（上高地自然史研究会，2009；2010 を改変）．

れて，新たな流路が形成されている．新たな流路は小崖に挟まれた1本の明瞭な流路のこともあるし（2009年，2010年），浅く広がる複数本の流路の場合（2011年）もあった．流路が途切れたのは，運ばれてきた土砂が流路の途中で堆積して流路を埋めたからであると考えられる．2008年から2009年の変化では，途切れた流路の下流側に2008年の流路の名残と思われる小崖の地形が残っていることからも流路の一部が埋まってしまったことが推定できる．流路の途中で土砂が目詰まりを起こすように堆積すると，行き場を失った水が別な方向に集中して流れて，侵食によって新たな流路が開削された．ここで注目すべき点は，流路が河原の部分を侵食しながら徐々に横方向へ移動していくのではなく，一気に新たな流路が形成されることである．

　大きな地形変化は梅雨時期の大雨による増水によって引き起こされる

(第2章「季節によって大きく変動する梓川の水量」参照）．定点観察カメラを設置して以降，2015年までに大きな地形変化が生じたのは2013年6月19日のみであった．雨が降り続くにつれ，河道での水位上昇が続き，幅の広い河道全体に水が流れた（図5-6）．水が引くと地形が変化していた．前述のような地形変化は水面下で進行しており，直接みることはできない．しかし，水の流れのようすや流木の流れ方が刻々と変化していることが映像に記録されているので，それを手がかりに，今後事例が増えると具体的な地形変化を推定することができるだろう．

　数年に一度激しい地形変化を起こしている梓川河道であるが，数年分の地形学図を重ね合わせてみると，河道のすべての場所が地形変化の影響を強く受けているのではないことがわかった（島津，2013）．上述の3回の地形変化が起こった期間においても，流路にもならず，侵食や堆積による地形変化が起こらなかった場所が河道内にいくつもあった．そのような場所には，繁茂した草本群落やケショウヤナギの実生や幼樹がみられる．

　ケショウヤナギが発芽して，数年間地形変化が起こらなかった安定した場所では，ケショウヤナギはある程度生長できる．このケショウヤナギは，その後の洪水による強い水の流れや土砂の堆積によっても流失や死滅することはなく，生長を続けることができる．大きな地形変化が起こった洪水時に，樹高40 cm程度のケショウヤナギの幼樹の群落が完全に水没している映像が定点観察カメラでとらえられた（図5-6）．この群落は洪水後も順調に生長を続けている．大木になったケショウヤナギの孤立木も，洪水後にまったく変化はみられなかった．一方で，根元がえぐられると，大木も倒伏や流失することがある．2013年の洪水時には，定点観察カメラがケショウヤナギの大木が倒れるようすもとらえていた．

河道の地形変化と植生の動態

　河原における先駆樹種の群落は，毎年，破壊と生成を繰り返す変動の大きな動態を示す．1994年から2008年まで，約5年おきに明神と徳沢の間の河床に成立している先駆樹種パッチの樹高と面積の変化および毎

図 5-6 洪水時に水没しているケショウヤナギの幼樹(点線で囲まれた部分).(左)2013 年 6 月 19 日:最大水位時.(右)2013 年 7 月 5 日:わずかに浸水している.

木調査をおこなったったところ,その実態が明らかになった.

　砂礫の裸地が卓越する河道(全調査面積は約 25 ha)における植被面積は,1994 年から 2008 年の間に全体で 3.0 ha から 3.5 ha に増加した.しかし,それは各先駆樹種群落の面積の増減を相殺した値であり,実際には図 5-7 に示すように,調査期間によって増加面積と減少面積は大きく異なっていた.図 5-8 に各先駆樹種の面積の変動を,図 5-9 にとくに面積変化の大きかったケショウヤナギとドロノキの増減を示す.これらの図から,ケショウヤナギ群落の面積は,1994 年から 1998 年と 2003 年から 2008 年には大きく減少する一方で 1998 年から 2003 年には大きく増加し,全体の面積変化はこのケショウヤナギ群落の増減に影響を受けていることがわかる.2003 年から 2008 年には,全体面積の増加分が大きいが,これにはドロノキ群落の増加が大きく寄与している.

　1994 年から 2008 年までの全調査期間では,1.4 ha が流出し,1.9 ha が増加していた.ケショウヤナギ群落は約半分が流失し,流失分の約 4 割が新たに形成されたパッチによって回復していた.このように河道の先駆樹種群落,とくにケショウヤナギ群落は,きわめて激しく変動しながら維持されている群落であるといえる.

　オオバヤナギ群落の変動が小さかったのは,河道のオオバヤナギ群落のほとんどが大木のパッチで,破壊されたものがなかったことと,新たに形成された群落パッチがなかったことによる.オオバヤナギが現在の河道で新たに侵入・定着しにくい理由については,まだ十分に解明され

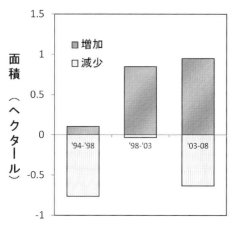

図 5-7　河道における先駆樹種群落の 5 年間の増減.

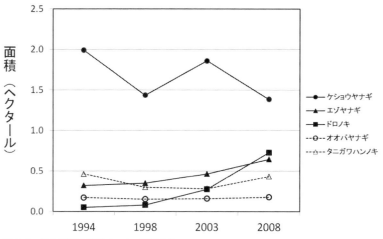

図 5-8　各先駆樹種群落パッチの面積変化.

ていないが，種子散布時期がもっとも遅い 8 月中～下旬であり，この時期には雨の少ないことが影響しているかも知れない．

　ドロノキ群落とエゾヤナギ群落は増加傾向を示し，とくにドロノキ群落の増加が著しかった．新しく侵入・定着した群落は，発達した河畔林に近い部分に多かった．ドロノキ群落の増加には，人工構造物の設置が

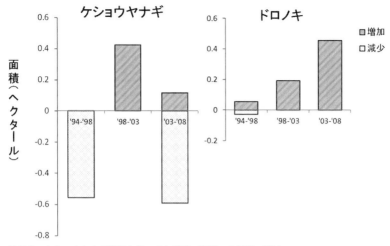

図 5-9 ケショウヤナギ群落とドロノキ群落の面積の 5 年間の増減.

影響していると考えられる．明神から徳沢までは左岸の河畔林内を登山道が通っている．この登山道を洪水から保護するために，徳沢のすぐ下流に布団篭が設置され，さらに流路を右岸側に誘導するための河床掘削がおこなわれている．つまり，布団篭によって登山道が洪水から守られる一方で，昔は左岸側にも自由に氾濫していた梓川の流路が右岸側を流れるようになり，河原の左岸側が安定した．すなわち，工事によって河畔林に近いところでは破壊作用が弱まるとともに，細粒な砂が堆積しやすくなった．その砂の堆積した部分にドロノキの実生の定着が促進されて，ドロノキ群落の面積が増加した可能性が高い．なぜならば，ドロノキの実生は堆積物の表層に不定根を横に伸ばす性質があり，表層に細かい砂が堆積していると，そこから養分を吸収して速く成長することができるからである．

　ケショウヤナギ群落の面積が 2003 年から 2008 年にかけて大きく減少したのは，流路を右岸側に誘導した結果，右岸側の砂礫州が大きな攪乱を受け，多くのケショウヤナギ群落のパッチが消失したからである．このように群落面積の変化には，自然な動態にくわえて人為的な影響を受けたと考えられる最近の変化を見て取ることができた．

注

*1 放射性炭素年代：生物体に含まれる炭素のうち，放射性同位体である炭素14を用いてその生物が死んだときの年代を物理的に測定する方法．この方法での○○年前は1950年を基準としている．現在は実際の年に較正をする暦年較正がおこなわれているが，この木片の年代は暦年に較正されていない．したがって，この木片が何らかの理由で「枯死した」年代を本稿ではおよそ400年前とした．

文献

上高地自然史研究会 2009．付図　明神—徳沢間の梓川河床継続観察地における微地形と植生．上高地自然史研究会編『上高地梓川における植生と地形およびその保全・管理に関する研究』上高地自然史研究会研究成果報告書，11号．

上高地自然史研究会 2010．付図　明神—徳沢間の梓川河床継続観察地における微地形と植生．上高地自然史研究会編『上高地における河畔植生の動態と地形変化に関する研究』上高地自然史研究会研究成果報告書，12号．

川西基博・石川愼吾・島津 弘 2003．河畔林における林床植生の種組成と微地形との対応関係．上高地自然史研究会編『上高地梓川の河畔域における地形変化と植生動態に関する研究』上高地自然史研究会研究成果報告書，8号：15-23．

島津 弘 1998．古池沢沖積錐の地形と土砂移動プロセス．上高地自然史研究会編『上高地梓川の地形変化，土砂移動，水環境と植生の動態に関する研究』上高地自然史研究会研究成果報告書，4号：12-21．

島津 弘 2004．上高地，徳沢—明神間の氾濫原における微地形・植生と氾濫史．上高地自然史研究会編『上高地および周辺地域における地形，植生動態，昆虫相と環境変動』上高地自然史研究会研究成果報告書，9号：1-8．

島津 弘 2009．河川の氾濫がつくり出す環境多様性—上高地，梓川の氾濫原における地形・植物多様性—．金沢大学文学部地理学教室編：自然・社会・ひと〜地理学を学ぶ〜．古今書院，33-46．

島津 弘 2013．梓川上流，上高地徳沢—明神間の河道における年々の地形変化と環境多様性の形成．地学雑誌，122：709-722．

進 望・石川愼吾・岩田修二 1999．上高地・梓川における河畔林のモザイク構造とその形成過程．日本生態学会誌，49：71-81．

濱田三賀・三宅 尚・石川愼吾 1996．土壌花粉分析による上高地梓川河辺林の動態の解析．上高地自然史研究会編『上高地梓川の河床地形変化と河辺林の動態に関する研究』上高地自然史研究会研究成果報告書，2号：38-49．

第6章

ヤナギ類の生き残り戦略

石川愼吾

梓川でみられるヤナギ類

 上高地の梓川周辺に分布するヤナギ科植物のうちおもなものは，ドロノキ（ドロヤナギ），ケショウヤナギ，オオバヤナギ，エゾヤナギ，オノエヤナギ，イヌコリヤナギ，ネコヤナギの7種である．これら以外にもケショウヤナギとオオバヤナギの雑種といわれているカミコウチヤナギが生育するが，個体数はきわめて少ない．これらのヤナギ科植物のなかでもっとも有名なのはケショウヤナギであり，上高地の植物のシンボル的な存在でもある．ケショウヤナギは北朝鮮から沿海州，サハリン，カムチャツカ半島から北極圏に至るまで北東アジアに広く分布している．日本ではおもに北海道に分布しているが，長野県の梓川流域にも隔離分布し，とくに上高地では広い範囲に河畔林を形成している．なぜ，ケショウヤナギが上高地の梓川で生き残ることができたのか，謎は多いものの，その理由を考えるためのヒントになるケショウヤナギの特徴がしだいに明らかになってきた．このことも含めて上高地の梓川のヤナギ類とその群落について詳しく説明する．

河原のヤナギ類のパッチ状群落

 ヤナギ類のパッチ状群落では，優占種がはっきりしている．ここではその実態を説明した後，パッチ状群落がどのようにして成立したのかについて，優占種がはっきりしている理由を含めて説明する．
 図6-1のようにヤナギ類の群落は，高さや大きさ，さらに構成される樹種もさまざまできわめて多様であるが，植生のまばらな明るい河原に

図6-1 上高地梓川の河床には，優占種，高さ，樹齢などの異なる多様な先駆樹種群落発達する．

はヤナギ科やカバノキ科の樹種で構成されるパッチ状の群落が形成されている．河原や崩壊地など新しくできた裸地に真っ先に侵入して定着する植物を先駆植物という．英語ではパイオニア・プランツというが，こちらの方がわかりやすいかもしれない．多くの先駆植物には以下のような共通する特徴がある．すなわち，多くの種子を生産すること，それらの種子は風や水によって広範囲に散布されること，種子の発芽率が高いこと，芽生え（実生）や稚樹の初期成長が速いこと，暗い場所では実生が成長できず，寿命が短いことなどである．ヤナギ類はこれらの生態的特性のすべてを兼ね備えた典型的な先駆植物である．これらの生態的特性を備えていることで，ヤナギ類は洪水や増水が頻発する河原で生き残り，種族を維持していくことができる．また，異なる種のヤナギを比較してみると，これらの特性もまた少しずつ異なっており，その結果，それぞれのヤナギが生育している立地も少しずつ異なっている．その理由を詳しくみてみる．

表6-1に，河原に成立した先駆樹種の群落名，調査したパッチの数，それぞれの群落を構成する樹種の割合を出現種の平均被度として示している．群落名は優占種に基づいているので，ケショウヤナギ群落ではケショウヤナギが，エゾヤナギ群落ではエゾヤナギの平均被度が一番高く

表6-1 河床砂礫部に成立する先駆樹種パッチと構成種の優占度

群落名	パッチ数	出現種の平均被度(%)					
		Ca	Sr	Ah	Pm	Tu	Be
ケショウヤナギ(Ca)	10	**77**	5	8	13	0	0
エゾヤナギ(Sr)	13	5	**81**	0	5	33	0
タニガワハンノキ(Ah)	3	4	11	**56**	5	0	22
ドロノキ(Pm)	2	11	0	24	**74**	0	0
オオバヤナギ(Tu)	1	1	2	1	0	**56**	0
ダケカンバ(Be)	1	2	0	5	3	0	**66**

なっている．この表から読み取れるもっとも重要な情報は，それぞれの群落の優占種が明瞭である，ということである．他の樹種も混生しているものの，いずれの樹種の平均被度も優占種に比較するとかなり小さな値である（進ほか，1999）．

さて，ヤナギ類のパッチ状群落では，なぜ優占種が明瞭なのであろうか？ この表には示していないが，それぞれのパッチを構成する個体はほとんどが同じ年齢で，河原の先駆樹種のパッチは，いわゆる一斉林あるいは同齢林といわれる群落である．つまり，パッチの構成個体は同じ年に定着したということであり，先駆樹種が定着するために何が必要なのかがわかれば，優占種が明瞭な理由がわかりそうである．

実生の定着と成長に関連するのは，種子の散布時期，種子の発芽・休眠特性，実生の成長特性などである．表6-1の先駆樹種はすべて風散布である．タニガワハンノキとダケカンバの種子は秋に散布され，春に発芽するが，ヤナギ類の種子はすべて春から夏に散布される．しかし，その時期は少しずつずれていて，ネコヤナギがもっとも早く，5月に入ると散布を始める．その後，6月に入るとオノエヤナギ，エゾヤナギ，ケショウヤナギの順に種子散布を開始し，いずれも2週間から3週間で散布を終了する．ドロノキとオオバヤナギはだいぶ遅れて7月から8月にかけて散布をするが，オオバヤナギの方が遅い．

適度な水分条件の場所に落下した種子だけが発芽して成長できるので，散布をしている時期に，どこにそのような適度な水分条件の場所があるのかを知ることができれば，ヤナギにとってもむだなく子孫を残す

ことができる．しかし，植物は動物のように五感を駆使して自分自身で判断しながら行動することはできない．先駆樹種の特徴として，きわめて多数の種子を散布するということを述べた．自分の子どもの定着に適した場所を探すことのできない植物にとっては，河原全域にきわめて多数の種子をばらまくというのが，定着に適した場所に確実に種子を到達させるための戦略としてもっとも有効な方法である．そのために，ヤナギ類は種子を長さ1～2 mmほどまでに小さくして，その代わりに多数の種子を生産する方向に進化したと考えられている．

　上高地の周辺には3,000 mを超える山々がそびえ，雪をたくさん蓄えている．春は雪融け水によって水位が高く，季節が夏へと進むにしたがって水位は30 cmほど低下する．また，梅雨時に雨が続くと水位は1 mほど上昇することもある．ヤナギ類の種子が散布される春から夏にかけては河川の水位は常に変動しているので，その時々によってヤナギの実生の定着に適している湿った場所も変化する．ヤナギ類の種子は，散布後吸水すると直ちに発芽し，休眠性がない．そのうえ，種子の寿命は約1ヶ月，長くても40日ほどで，きわめて短命である．このことは，ヤナギ類が定着できる場所は，種子散布時期に水条件に恵まれた場所に限られる，ということを意味する．これが河原のパッチ状群落で優占種がはっきりしている理由の一つである．

　明るい河原には，網の目状に枝わかれした流路が，河原全体に広がっている．図6-2のように河原に堆積した礫や砂の状況は，場所によって異なり，大きな礫がごろごろしている場所，砂に厚く覆われた場所などさまざまである．また，流路に近い場所では地下水位が高く湿った状態であるのに対して，流路から離れた高いところでは乾燥していることが多い．そのような多様な立地環境が広がる河原に，ヤナギ類のパッチ状の群落が成立している．

　流路から離れた乾燥しやすい場所はヤナギ類が定着しにくい場所である．なぜならば，ヤナギ類の種子は小さいうえに種皮がきわめて薄く，いったん吸水すると，すぐに発芽するが，その後少しでも乾燥するとたちまち死亡してしまうからである．つまり，ヤナギ類の実生が定着するためには，吸水した後も適度な水分条件に恵まれている必要がある．水分が確保されている間に，乾燥しにくい深い場所まですばやく根を伸ば

図6-2 河床には礫の堆積地,砂の堆積地,湿った場所,乾燥した場所など多様な立地環境がモザイク状に配置されている.

すことのできた実生だけが生き残ることができる.ヤナギ類の実生にとっては,どれだけ速く根を深く伸長させることができるかどうかが,生き残りを決める重要な能力の一つである.

ケショウヤナギが上高地で多いわけ

　梓川の河原で広い面積を占めているのは,比較的平坦で高燥な砂礫地である.じつは,ケショウヤナギの定着に適した立地は,礫の間に粗い砂や細礫が詰まった乾燥しやすいところである(図6-3).乾燥しやすい砂礫地にケショウヤナギが定着できるのは,根の伸長速度が他のヤナギと比較してきわめて速いからである.図6-4のように腐葉土が堆積した土壌水分の豊富なところに芽生えた実生はいずれ枯れてしまう.その理由を以下の実験結果からみてみよう.

　ヤナギ類の根の伸長速度と形を調べるために,実生の成長実験をおこなった.水位を$-2\,\mathrm{cm}$と$-15\,\mathrm{cm}$に設定した粗砂と細砂の2種類の土壌を入れた鉢を準備した.水位$-2\,\mathrm{cm}$では,表面の砂まで過湿状態であり,$-15\,\mathrm{cm}$では表層が少し乾いている状態である.その上に,ケショウヤナギ,エゾヤナギ,オオバヤナギ,ドロノキ,タチヤナギの種

図6-3 礫の間に粗砂や細礫が堆積した立地．ケショウヤナギ実生の生育に適している．

図6-4 腐葉土の堆積した保水性の良い場所で芽生えたケショウヤナギの実生．ほとんどすべての実生が枯死した．

子をまいた．水位 − 15 cm の鉢では表層が乾いているので，発芽した実生の主根が，毛管水によって湿った深さに到達するまでは上からも灌水した．

図6-5は上高地でみられるヤナギ類（タチヤナギを除く）の実生を1ヶ月間育てた後の主根の長さを比較したものである．粗砂の水位 − 15 cm

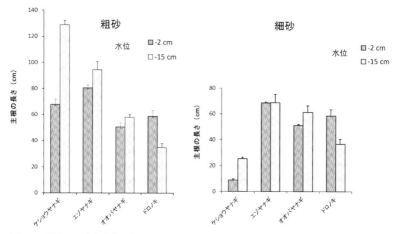

図6-5 異なる土壌と水位で育てたヤナギ類実生の主根の1ヶ月後の長さ.

でケショウヤナギの主根の成長量がとくに速いことがわかる.一方,細砂では水位の違いにかかわらず,ケショウヤナギの主根の成長は極端に悪い.エゾヤナギの主根の伸長速度もかなり速いが,ケショウヤナギには及ばない.

図6-6はケショウヤナギ,タチヤナギの1ヶ月後の実生のスケッチである.ケショウヤナギの根は,粗砂では長く伸長しているものの,細砂では根がきわめて短い.細砂で育てたケショウヤナギの実生の根は,水位の違いにかかわらず黒く腐ってしまい,1ヶ月を過ぎたころにはほとんどすべての実生が枯れてしまった.それに比べて粗砂で育てた実生の根は,主根だけがまっすぐに伸長し,水位－15 cmでは,1ヶ月で約13 cmに達した.粗砂でも水位の高い状態（－2 cm）では,主根は7 cm程度で,側根が多数伸長していた.水位の高い過湿な条件では主根の成長が抑制されたのである.一方,他のヤナギ類では,ケショウヤナギほど土壌の違いによる顕著な成長の差はみられなかった（Ishikawa, 1994；石川・朝比奈,1997）.

実生の成長特性においてケショウヤナギと対照的なのがタチヤナギである.タチヤナギは上高地ではみられないが,全国の河川の下流域に多く分布し,細砂や泥など細粒な堆積物の立地に大きな群落を形成するヤ

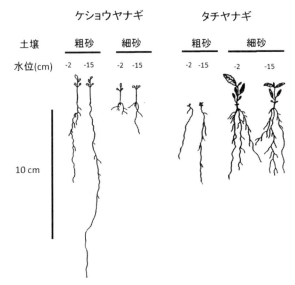

図6-6 異なる土壌と水位で1ヶ月間育てたケショウヤナギとタチヤナギの実生.

ナギである．タチヤナギの種子はヤナギ類の中でもっとも小さい．したがって，発芽後の実生も小さいので栄養分の乏しい粗砂では成長が著しく悪い．一方，細砂で育てた実生の成長はきわめて良好である．タチヤナギの実生は，根元からたくさんの新しい根を出して地表近くに広げ，通気性の悪い細粒な堆積物上でも枯れずに旺盛に成長することができる．これが，タチヤナギが河川の下流域で優占できる理由の一つであり，反対に上高地のような礫の卓越した河原では生活しにくいので，上高地にタチヤナギが分布していない理由の一つとなっている．

このように，実生の成長にかかわるもう一つの条件は，表層堆積物の粒径である．粗い砂には栄養分が少ないものの，通気性が良いという特徴がある．一方，細かい砂はその逆で，栄養分は多いものの，通気性が悪い．ヤナギの種によって，この条件に対する反応が異なっており，ケショウヤナギは通気性の悪い細かい粒径の堆積物が苦手であった．反対に，通気性の良い粗砂や小礫が卓越する堆積物では，主根をすばやく伸長させて，乾燥しやすい立地でも生き残る確率が高い．このような実生の成長特性を備えているおかげで，高燥な立地の多い梓川の河原でもっ

図6-7 洪水や増水によって流れ着いたケショウヤナギの流木．ほとんどの流木が枯死している．

とも広い面積を占めることができるのである．

ヤナギ類は，立地の堆積物の粒径に対する選り好みが種によって異なる．このこともヤナギ類のパッチ状群落の優占種がはっきりしている理由の一つである．

流木がつくるエゾヤナギ，ドロノキの群落

エゾヤナギやドロノキは洪水によって倒れてしまっても，倒れた幹から新たな根を出したり，萌芽したりする性質が強いので，倒木が生き残って細長いパッチ状の群落をつくる．実生に由来しない群落が存在することもヤナギ類のもつ特徴の一つである．

梓川の流路に接した林では，洪水のたびに河岸が削られて，根元が洗われた木が倒れて流される．流木は河原のあちらこちらに流れ着くが，乾燥した河原ではその多くは枯れてしまう（図6-7）．しかし，中には運よく生き残る流木もある．エゾヤナギやドロノキの倒木は盛んに萌芽を出し，接地したところから新しい根を伸ばす（図6-8）．生き残ることができるのは接地した部分が多い流木である．流木は洪水時や増水時に流れの妨げになると同時に，流木の下流側に砂を堆積させる．この砂

第6章 ヤナギ類の生き残り戦略

図6-8 倒れた幹からたくさんの萌芽や根を出したエゾヤナギの流木.

の堆積が厚く砂に埋もれた流木が生き残って新しいパッチ状の群落を形成する．倒木部分が完全に埋められてしまったものは，最初，流木由来の群落だとわからなかったが，不自然に一列に並んだ幹をみて疑問に思い，根元を掘り返したところ流木であることがわかった．

不定根を出したり，萌芽したりする性質はエゾヤナギ，ドロノキのほかオノエヤナギ，ネコヤナギ，イヌコリヤナギももっている．しかし，ケショウヤナギとオオバヤナギはこれらの性質が弱く，流木はすべて枯死してしまう．

河原に点在するケショウヤナギとオオバヤナギの孤立木

ケショウヤナギとオオバヤナギには大木が多い．その理由として，これら2種とドロノキは寿命が100年以上あり，他のヤナギより長命であること，根が深くまで伸長して洪水に耐える能力が高いこと（吉川，1996），が考えらえる．図6-9は徳沢付近の河床に生育しているケショウヤナギの大木で，上高地で一番幹の太い個体である．

このような大径孤立木の下流側には，さまざまな樹種の中径木・小径木で構成されるパッチが形成されていることがあり（図6-10），ケショウヤナギのみならずその他の先駆性樹種に新たな生育立地を提供してい

図6-9 徳沢付近の河床に生えるケショウヤナギの大木.

図6-10 ケショウヤナギの大径木の下流側に形成された砂州に育つエゾヤナギとオノエヤナギ.

る（石川・川西，2002）．ケショウヤナギ大径木の下流に形成されたパッチは比較的安定して存続しており，大きく成長した個体の種子生産量も多いと思われる．河原にあるパッチに生育する個体から散布される種子は，周辺の裸地へ実生が侵入・定着する機会を大きく高めているこ

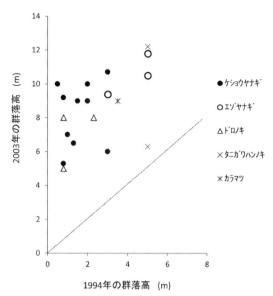

図6-11　先駆樹種群落の高さの変化．横軸に1994年，縦軸に2003年の群落高を示す．破線からの距離が伸長成長量を示している．

とは確かで，それらの個体が河原のヤナギ類の群落形成にはたす役割はきわめて重要であると考えられる．

河原のパッチ状群落の成長

　図6-11は先駆樹種群落の伸長成長量を比較するために，1994年の高さを横軸に，2003年の高さを縦軸に示したものである．いずれの先駆樹種も大きな伸長成長量を示したが，とくにケショウヤナギの伸長成長はきわめて速く，樹高5m以下の群落では，9年間で平均約6.5m増加し，なかには10m近く成長した群落もみられた．しかし，伸長成長速度は立地条件によって大きく異なる．図6-11には順調に生育した群落のみのデータを示しており，流失するだけでなく，激しい乾燥に晒されたり，隣接する林や個体の樹幹の下に入ってしまったりして，ほとんど成長できずに枯死してしまう個体も多い．

ここまで述べてきたように，ヤナギ類は洪水などの撹乱作用を頻繁に受けている河原で生き残っていくために有利なさまざまな生態学的な特性を備えている．しかし，種によってそれらの特性が少しずつ異なっていて，その違いがそれぞれの種の河原における分布域の違いや生き残り戦略の違いとして表われている．

文献

Ishikawa, S. 1994. Seedling growth traits of three salicaceous species under different conditions of soil and water level. *Ecological Review*, 23：1-6.

石川愼吾・朝比奈正子 1997．上高地梓川の河床に生育するヤナギ科植物の実生の生長特性．上高地自然史研究会編『上高地梓川の河辺植物群落の動態に関する研究』上高地自然史研究会研究成果報告書，3 号：32-36.

石川愼吾・川西基博 2002．上高地梓川の河床砂礫部における先駆樹種パッチの形成過程　—特にケショウヤナギの大径孤立木が果たす役割—．上高地自然史研究会編『上高地梓川における流域生態系の構造と変動に関する研究』上高地自然史研究会研究成果報告書，7 号：26-29.

進 望・石川愼吾・岩田修二 1999．上高地・梓川における河畔林のモザイク構造とその形成過程．日本生態学会誌　49：71-81.

吉川正人 1996．梓川河床に生育する先駆性樹種の根系形態．上高地自然史研究会編『上高地梓川の河床地形変化と河辺林の動態に関する研究』上高地自然史研究会研究成果報告書，2 号：23-29.

第7章

上高地を彩る草本植物

若松伸彦・川西基博

上高地の花々

　日本各地の山々には高山植物で埋め尽くされたお花畑が広がり，登山者の目を楽しませてくれる．登山をする人の中には，このようなお花畑を楽しみに苦しい思いをして山に登る人も多い．しかし残念ながら，上高地ではこのような高山植物のお花畑をみることはできない．これは標高が1,500～1,600 mと低いからである．上高地の標高は，東京都の最高峰雲取山に比べても500 mほど低く，丹沢や三ツ峠程度の標高にすぎない．上高地の標高はブナ林が広がる領域と，オオシラビソやシラビソなどの亜高山性針葉樹林帯の境界付近，つまりは森林帯のど真ん中である．そのため穂高や槍ヶ岳をめざす登山者にとって，河童橋から徳沢や横尾までの道は退屈きわまりない行程かもしれない．ハイヒールやサンダルを履いた観光客に混じって，展望のさして効かない森林の平坦道を黙々と歩く．道中を急ごうと，どうしても早足になってしまう区間である．

　だからといって，上高地の谷の中には綺麗な花を咲かす草花がないわけではない．梓川の河原や，森林の林床には四季をつうじて綺麗な花が咲く．これら草花の中には上高地にだけ生育しているものや，ひじょうに貴重なものも数多く存在する．とくに，河童橋から徳沢や横尾までの区間はさまざまな花がみられる日本でも有数の場所なのである．まずは，訪れる季節によってどのような植物がみられるかを簡単に紹介する．

春先

　上高地の雪解けはゴールデンウィーク前後である．地表面の雪が解けてからヤナギの芽吹きが始まるまでの間，林内は明るく春の花々が咲き乱れる（図7-1）．ニリンソウ，ヒメイチゲ，ヤマエンゴサク（図7-2），エンレイソウ，ネコノメソウ類，スミレ類などである．とくにニリンソウは林内を絨毯のように埋め尽くし真に美しいの一言である．

初夏

　梅雨に入る頃になるとヤナギもすっかり展葉し，緑が目に鮮やかな季節になる．春からこの時期の間にはミヤマカタバミ，コミヤマカタバミ（図7-3），サンカヨウ（図7-4），タガソデソウ（図7-5），グンナイフウロ（図7-6），ヤマオダマキ，カラマツソウ，オニシモツケなど春先の植物に比べてやや大振りな花が多くみられる．また山腹斜面にはイワカガミが可憐な花を咲かす．毒草のハシリドコロ（図7-7）の花がみられるのもこの時期である．

盛夏

　梅雨が明けるといよいよ夏山シーズンになる．この時期に上高地を訪れる人も多いのではないだろうか．ソバナ，クサボタン，シナノナデシコ，ハンゴンソウ，キオン，ゴマナ，ノリクラアザミなどが氾濫原で多くみられる．またヨツバヒヨドリが淡紫の花を咲かし，アサギマダラなどの蝶が蜜を吸っている姿をよくみることができる．この時期に咲く花は背が高いものが多い．場所によっては人間の背丈を優に超すようなものもある．運が良ければショウキラン（図7-8），オニノヤガラ（図7-9），シャクジョウソウなどの腐生植物もみることができる．

初秋

　白いサラシナショウマが林内にゆらゆらと揺れ始めると上高地には間

もなく秋が訪れる兆しである（図7-10）．黄色のアキノキリンソウ，紫のコウシンヤマハッカ，アズマヤマアザミなども咲き，花の種類は少ないながらも意外に華やかな季節である．河原にノコンギクが咲くのもこの季節である．

晩秋

10月に入ると上高地は紅葉の季節になる．カラマツが金色に輝き，カツラやナナカマドなどが黄色や赤に鮮やかに染まる．この時期に咲いている花は咲き遅れたゴマナやコウモリソウが時々みられる程度である．11月になると樹木も葉っぱを落とし，いつ雪が降ってもおかしくない季節になる．

このように，訪れる季節によってみられる花はまったく違う．また，草丈が高さ3mに達する草本が密生しているところ，50cmに満たない草本が多いところ，まばらにしか生えていないところなど，草本の生えている状況は場所によってさまざまである．こうした草花のようすを観察しながら歩くのはじつに楽しいものである．

図7-1　河畔林の林床に大群落をつくるニリンソウ（2008年5月1日，撮影：川西基博）．

図7-2　ヤマエンゴサク（2008年5月22日，撮影：川西基博）．

図7-3 コミヤマカタバミ(2008年5月22日,撮影:川西基博).

図7-4 サンカヨウ(2008年5月22日,撮影:川西基博).

図7-5 タガソデソウ(2001年6月24日,撮影:川西基博).

図7-6 グンナイフウロ(2001年6月24日,撮影:川西基博).

図7-7 ハシリドコロ（2008年5月22日，撮影：川西基博）．

図7-8 腐生植物のショウキラン（2008年7月5日，撮影：川西基博）．

図7-9 腐生植物のオニノヤガラ（2009年8月11日，撮影：若松伸彦）．

図7-10 林内で揺れるサラシナショウマ（2015年9月3日，撮影：若松伸彦）．

河畔での草本植物の生活

　植物はその習性や生活形によっていくつかに類別される．もっとも身近な例は草本植物と木本植物である．上高地では多様な草本植物と木本植物が氾濫原や斜面などに同所的に生育しており，地表面からの高さによって出現する植物種が異なる，いわゆる階層構造を成している．森林の一番上層には，ケショウヤナギなどのヤナギ類や，ハルニレ，カラマツ，ウラジロモミなどの樹木が連続的に林冠を形成している．このようなもっとも高い葉層のことを高木層と呼ぶ．その下には，あまり大きくならない樹木や，まだ成長途上の樹木がいくつかの層を作っており，亜

高木層，低木層として認識される．そして，もっとも低い地表付近に作られる植物の層を草本層と呼ぶ．この草本層には発芽してから間もない木本植物や草本植物が生育している．

　当然，木本植物が存在せず，草本植物だけで構成される草本群落が形成される場合もある．上高地の草本群落といえば，まず田代湿原のサギスゲ群落，湧水周辺のレンゲツツジ，アブラガヤ，ヤマドリゼンマイなどの優占する湿地の草原などが有名かもしれないが，本章では，明神から徳沢間の広い氾濫原に成立している河畔林の林床にみられる草本に注目し（図7-11），梓川河畔にどのような草本群落が成立し，環境とどのようにかかわっているのかを紹介したい．

　草本植物とその環境を考えるにあたって，まずヤナギ類やハルニレ，ウラジロモミなどを主体とした河畔林との関係を意識しておきたい．梓川の流路沿いでは，洪水と流路の変動によって植物群落は消失と拡大を繰り返しており，梓川沿いに樹木の塊として点々とみられる．この樹木の塊は，樹木が定着してから数年経たものから，数十年を経たものまでさまざまな発達段階のヤナギ類樹木が優占するパッチ状の植物群落であ

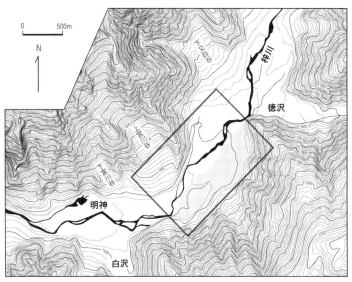

図7-11　本章で紹介する草本群落の研究をおこなった地域．枠内の網掛け部分は大規模な河畔林が成立しているエリアを示す．

第7章　上高地を彩る草本植物

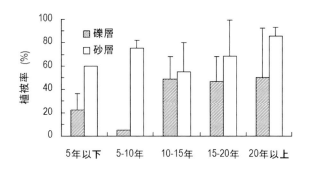

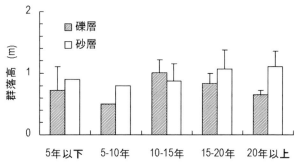

図7-12 パッチ形成からの経過年数と草本群落の植被率（上）と群落高（下）の関係．表層の堆積物の状態（礫層，砂層）ごとに平均値と標準偏差を示す．

る（第5章を参照）．

　これらパッチ状群落の優占種であるヤナギ類の樹木は，形成されて10年ほどで高さ2m以上に成長し，約15年で7〜8mほどになる．この段階になると樹木は密生状態になり，草本が生育する地表面では光環境が著しく悪くなる．形成から15〜20年経過すると樹高は10m以上になる．梓川の河原には10〜20cmの礫が転がっており，形成から5年以下のパッチ状群落の地表面にはこれら礫がむき出しの状態にある．15〜20年経過したパッチ状群落では，礫の上に砂の堆積した場所が多くなり，さらに腐植層が確認できるようになる．

　発達段階の違うパッチ状群落の草本層における植被率（植物が地表を覆っている割合）と群落高（群落全体の高さ）の平均値を比較したものが図7-12である．パッチ状群落の成立から5年以下の段階で，すでに比較的大型の草本植物が定着しており，群落高は1m近い．その後，

群落高はやや高くなる傾向があるものの明瞭な変化は認められず，草本層の高さはおおむね1mから2m程度である．一方，植被率はパッチ状群落形成から時間が経過しているものほど高くなる傾向があり，さらに表層堆積物によって違いがあった．形成から10年以内のパッチ状群落では，地表面に礫が露出している場合では植被率が約20%以下と低い．対して，地表面が砂質である場合では50%以上と高い．また，10年以上経過したパッチでは，礫が露出している場合は植被率が50%で，発達が進行してもそれ以上の増加は認められないが，砂質である場合では植被率がさらに増加し，20年以上のパッチでは80%に達する．このように，地表面が砂質である場合は，草本植物が密生して地面がみえないほどになるが，大きな礫が堆積しているところは，時間が経過しても地表面の草本はまばらな傾向で維持されるといえる．

　ここで，パッチ状群落の草本層のみを対象に植生調査をおこなった結果を紹介したい．この調査では，パッチ状群落の森林の発達段階を5年以下，5～10年，10～15年，15～20年，20年以上の5段階に分け，3×3mの調査区を各パッチに一つまたは複数個設置し，その中に出現した全維管束植物を記録した．

　表7-1は，パッチ状群落の発達段階の違いによって，どのような草本植物種が出現するのかを示したものである．植物名や記号が多い表なので少しみにくいかもしれないが，いかに多くの植物がパッチ状群落の草本層に生育しているかがわかると思うのであえてお示ししたい．この表は，縦に植物名が並んでおり，横に調査区の特徴を示してある．調査区の特徴は，上記の通り五つの発達段階と表層堆積物の状態に分けて示してある．また，「調査区数」は，それぞれの条件に属する調査区の数である．植物名の右側に並んでいる数値は，その植物がどれくらいの頻度で，その発達段階と表層堆積物に出現したかを割合（％）で示したものである．たとえば，種群1のホッスガヤは，5年以下で表層堆積物が礫の調査区12個のうち，9個の調査区に生育していたので，出現頻度75％が表に示されてある．一方，20年以上の砂の調査区にはまったく出現していないので，「・」となっている．なお，調査区数が1個や2個しかない場合では，出現頻度が100％，50％など大きい値になってしまうので比較する際には注意してほしい．

表7-1 パッチ状群落の発達段階の違いによる，草本植物種の出現状況

推定経過年	5年以下		5〜10年		10〜15年		15〜20年		20年以上	
表層堆積物	礫	砂	礫	砂	礫	砂	礫	砂	礫	砂
調査区数	12	1	1	2	7	4	7	7	2	10
種群1										
ホッスガヤ	75	・	100	50	14	25	14	・	50	・
アオスゲ	42	100	・	50	14	・	・	・	・	・
テキリスゲ	42	・	・	・	14	・	14	・	・	・
ミヤマハタザオ	33	・	・	・	14	25	14	・	50	・
シギンカラマツ	33	・	・	・	・	・	・	・	50	・
ヒメスゲ	25	・	・	・	・	・	・	14	・	・
ホソバノヤマハハコ	25	・	・	・	・	・	14	・	50	・
クサイ	25	・	・	50	・	・	・	・	・	・
カワラナデシコ	・	100	・	・	・	・	・	・	・	・
ハクサンシャジン	・	100	・	・	・	・	・	・	・	・
種群2										
ミヤマオトコヨモギ	・	・	100	50	14	・	・	・	・	・
タニウツギ	・	・	・	50	・	・	・	・	・	・
オンタデ	・	・	・	50	・	・	・	・	・	・
種群3										
タイツリオウギ	8	・	・	・	29	25	14	・	・	・
ゲンノショウコ	・	・	・	・	14	25	・	・	・	・
種群4										
ヨツバヒヨドリ	17	・	・	・	43	・	29	43	・	30
イワアカバナ	17	・	・	・	43	50	29	14	・	10
ノリクラアザミ	・	100	・	・	43	50	14	29	・	40
エゾムラサキ	・	・	・	・	43	・	43	29	・	10
スゲ属sp1	・	・	・	・	29	25	・	43	・	・
イヌトウバナ	・	・	・	50	29	50	14	14	・	10
オヤマボクチ	・	・	・	50	14	25	14	14	・	・
ウツボグサ	8	・	・	・	29	75	14	14	・	・
クマイチゴ	・	・	・	・	14	・	29	14	・	・
ヒメジョオン	・	・	・	・	14	25	14	29	・	・
オオバノヨツバムグラ	・	・	・	・	29	・	・	14	・	・
アキカラマツ	8	・	・	・	29	25	57	57	・	20
ミソガワソウ	・	・	・	・	・	25	・	29	・	10
種群5										
ナンバンハコベ	・	・	・	・	・	・	43	14	・	・

推定経過年	5年以下		5〜10年		10〜15年		15〜20年		20年以上	
表層堆積物	礫	砂	礫	砂	礫	砂	礫	砂	礫	砂
調査区数	12	1	1	2	7	4	7	7	2	10
コイトスゲ	・	・	・	・	・	・	14	14	・	・
ミヤマニガウリ	・	・	・	・	・	・	14	14	・	・
種群6										
フキ	17	・	・	・	57	50	57	29	50	100
カラマツソウ	8	100	・	・	57	75	43	29	・	100
ハンゴンソウ	・	・	・	・	29	50	14	14	50	60
イタドリ	17	・	・	・	29	25	14	29	50	50
ベニバナイチヤクソウ	8	・	・	・	14	50	57	29	100	50
シラネセンキュウ	17	・	・	・	57	50	29	29	50	50
ヤマカモジグサ	17	・	・	・	14	100	29	57	50	70
オククルマムグラ	・	・	・	・	57	・	57	43	50	50
アマニュウ	8	・	・	50	29	・	14	14	50	30
ゴマナ	・	・	・	50	57	75	43	29	50	10
オクノカンスゲ	・	・	・	・	14	50	14	57	50	20
クルマムグラ	・	・	・	・	・	25	14	29	50	20
ツルマサキ	・	・	・	・	29	50	100	43	・	50
オオタチツボスミレ	17	・	100	・	43	50	71	29	・	50
ウマノミツバ	8	・	・	50	57	50	14	29	・	80
カラフトダイコンソウ	8	・	・	・	29	50	29	14	・	10
サナギイチゴ	・	・	・	・	14	50	29	29	・	70
クガイソウ	・	・	・	50	14	50	14	14	・	50
キツリフネ	・	・	・	50	14	・	14	14	・	20
アカショウマ	・	・	・	・	14	25	・	29	・	20
キオン	・	・	・	・	・	25	・	29	50	10
ヤマハタザオ	・	・	・	・	・	50	14	14	・	10
アズマヤマアザミ	・	・	・	・	・	25	・	14	・	10
キンミズヒキ	・	・	・	・	・	50	・	14	・	20
オオカサモチ	・	・	・	・	・	25	14	・	・	10
コウシンヤマハッカ	・	・	・	・	・	25	・	14	・	10
ミヤマアキノキリンソウ	・	・	・	・	・	50	・	29	50	10
ダイコンソウ	・	・	・	・	・	25	・	29	・	30
マイヅルソウ	・	・	・	・	・	・	14	14	・	10
ヤグルマソウ	・	・	・	・	・	・	14	29	・	20
種群7										
サラシナショウマ	・	・	・	・	・	・	・	14	50	50

推定経過年	5年以下		5〜10年		10〜15年		15〜20年		20年以上	
表層堆積物	礫	砂	礫	砂	礫	砂	礫	砂	礫	砂
調査区数	12	1	1	2	7	4	7	7	2	10
シシウド	8	・	・	・	・	・	・	・	50	20
ラショウモンカズラ	・	・	・	・	・	25	・	14	・	70
オオバコウモリ	・	・	・	・	・	・	・	29	・	70
フッキソウ	・	・	・	・	・	・	・	・	・	70
ミヤマイボタ	・	・	・	・	・	・	・	・	・	70
タガソデソウ	・	・	・	・	・	・	・	・	・	70
ムカゴイラクサ	・	・	・	・	14	・	・	・	・	60
アマドコロ	・	・	・	・	・	・	・	14	・	60
ミヤマニガイチゴ	・	・	・	・	・	・	14	14	・	50
オシダ	・	・	・	・	・	・	・	・	・	20
クサソテツ	・	・	・	・	・	・	・	・	・	20
ナツノハナワラビ	・	・	・	・	・	・	・	・	・	20
ユキザサ	・	・	・	・	・	・	・	・	・	20
エンレイソウ	・	・	・	・	・	・	・	・	・	20
オオハナウド	・	・	・	・	・	・	・	・	・	20
種群8										
オオヨモギ	100	100	100	100	100	100	86	86	100	40
ノコンギク	92	100	100	100	100	100	100	100	100	40
コウゾリナ	83	100	100	100	100	75	86	57	50	10
ヤマハハコ	67	100	100	・	57	50	29	29	50	10
クサボタン	58	100	100	100	100	50	86	100	100	70
ススキ	58	100	100	・	71	50	100	86	50	・
ヤマホタルブクロ	58	100	・	100	29	75	57	29	50	・
ミヤマノガリヤス	8	100	・	50	29	・	14	14	50	・
オオバコ	42	・	・	100	71	100	43	29	・	10
ミヤマトウバナ	17	・	・	50	43	25	43	43	・	40
種群9										
ジシバリ	42	・	・	50	29	75	29	29	・	・
シナノオトギリ	42	・	・	50	29	25	29	・	・	・
ヤマヌカボ	42	・	・	50	43	・	14	・	・	・
ミヤマモジズリ	25	・	・	・	43	25	29	・	50	・
イブキボウフウ	17	・	・	・	14	50	14	・	・	10
ノアザミ	8	・	・	・	14	・	・	29	・	10
フユノハナワラビ	8	・	・	・	・	25	14	14	・	10
ハマムギ	8	・	・	50	・	25	14	・	・	10

推定経過年	5年以下		5〜10年		10〜15年		15〜20年		20年以上	
表層堆積物	礫	砂	礫	砂	礫	砂	礫	砂	礫	砂
調査区数	12	1	1	2	7	4	7	7	2	10
ヤマオダマキ	8	・	・	・	29	・	・	29	・	20
シオガマギク	8	・	・	・	・	25	・	14	・	・
シロバナヘビイチゴ	8	100	・	・	・	・	・	14	・	・
シナノナデシコ	25	・	・	・	・	・	・	29	・	・
ホソバムカシヨモギ	17	・	・	・	・	・	29	・	・	・
ミヤマウシノケグサ	17	・	100	・	14	・	・	・	・	・
タカネコウボウ	8	・	・	50	・	・	14	・	・	・
メマツヨイグサ	8	100	・	50	・	・	・	・	・	・
ホソバベンケイソウ	8	・	・	・	14	・	・	・	・	・
ミヤマネズミガヤ	8	・	・	・	14	・	・	・	・	・
ミヤマクワガタ	8	・	・	・	・	25	・	・	・	・
ヤマニガナ	8	100	100	・	・	25	29	29	・	・
ヤマブキショウマ	・	100	・	50	・	25	・	・	50	10
ヒメノガリヤス	・	・	・	100	14	25	43	14	100	・
ミツバベンケイ	・	・	・	50	14	・	・	14	・	10
ミヤマカラマツ	・	・	・	50	・	・	・	14	・	40
ミヤマミミナグサ	・	・	・	50	・	50	・	・	・	・
ソバナ	・	・	・	・	14	・	14	・	・	20
ヒカゲミツバ	・	・	・	・	14	・	・	14	・	10
ヤブニンジン	・	・	・	・	29	25	・	・	・	50
ツボスミレ	・	・	・	・	29	・	・	・	・	10
エゾイラクサ	・	・	・	・	14	・	・	・	・	10
オドリコソウ	・	・	・	・	・	25	14	・	・	・
スギナ	・	・	・	・	14	・	14	・	・	・
トモエソウ	・	・	・	・	・	25	14	・	・	・
ノブキ	・	・	・	・	・	・	14	・	・	10
以下省略										

　この表でもっとも高い出現頻度を示すところが，その植物にとってもっとも生育に適した立地であると考え，同じような傾向をもつものをまとめたのが種群である．紙面の関係ですべてを詳しく説明することはできないが，それぞれの発達段階に特徴的な種群があり，草本群落の種組成は，河畔林の発達段階に応じて変化するといえる．

たとえば，5年以下のパッチに分布の中心がある種（種群1）として，ホッスガヤ（図7-13），テキリスゲ，アオスゲ，シギンカラマツ，ホソバノヤマハハコ（図7-14），ミヤマハタザオなどが挙げられる．写真をご覧になるとわかるように，明るい河川敷に生育している植物である．とくに，ホッスガヤの群落は，流路に近いところに群落を作っていてよくめだつ（図7-15）．一方，10〜20年のパッチにはミヤマトウバナ，ヨツバヒヨドリ，ノリクラアザミ，エゾムラサキなどが多い（種群4）．このなかには，ヨツバヒヨドリ，ノリクラアザミのように直立する高い地上茎をもつ草本が多く含まれるのが特徴である．10年以上のパッチに広く分布する種は，フキ，カラマツソウ，ハンゴンソウ，ベニバナイチヤクソウ，シラネセンキュウ，オククルマムグラなど（種群6）で，河畔林の林床で優占する種が多く含まれていた．20年以上のパッチに出現し，それよりも早い段階のパッチにはほとんど出現しない種としては，フッキソウ，オオバコウモリ，ラショウモンカズラ，ミヤマイボタ，タガソデソウなどがあった（種群7）．フッキソウ，オオバコウモリ，サラシナショウマなどは，20年以上のパッチの優占種である．

なお，本調査では5〜10年のパッチではミヤマオトコヨモギやオンタデなど（種群2），10〜15年のパッチにタイツリオウギ，ゲンノショウコ（種群3），15〜20年のパッチにはナンバンハコベ，コイトスゲなど（種群5）が確認され，これらの段階に出現する傾向があると思われた．しかし，これらの種群は出現頻度が高くても出現回数が少なかったり，出現頻度が低かったりした種が含まれており，偶発的に出現した種も含まれていると思われる．はっきりした分布傾向を確認するためにはさらに多くの調査を行う必要があるだろう．また，オオヨモギ，ノコンギク，コウゾリナ，ヤマハハコ，クサボタンなど（種群8）は発達段階に対応せず，いずれのパッチにもよく出現していた．また，ジシバリ，シナノオトギリ，ノアザミ，フユノハナワラビ，ハマムギなど，この調査結果では分布傾向のはっきりしない種もいた．

このような結果から，発達段階10年以下のパッチでは，おもに種群1，2，8の植物が群落を形成しているが，10年をすぎると種群1，2はほとんどみられなくなり，かわりに種群3，4，5，6が加わった群落に変化していくと考えられる．さらに20年が経過すると，種群3，4，5

図7-13　ホッスガヤ（2004年8月5日，撮影：川西基博）．

図7-14　ホソバノヤマハハコ（2008年8月30日，撮影：川西基博）．

図7-15　ホソバノヤマハハコ，ノコンギク，オオヨモギ，クサボタンなどが生育する5年未満のパッチ状群落．（2010年8月22日，撮影：川西基博）．

はみられなくなり，種群7が生育するようになる．植物の種類が大きく入れ替わる10年と20年以上という時期は，樹木が林冠を形成し始める時期と土壌化が進む時期と関係があるように思われる．

河畔林の林床植生

　次に，ケショウヤナギやオオバヤナギなどの成熟個体やハルニレの優占する河畔林の林床植生について，少し触れておきたい．このような河

第7章　上高地を彩る草本植物　——　115

畔林は成立から約50年以上経過しており，その間梓川の氾濫などによる大規模な攪乱を受けなかったため，高さが20 mを超える大木からなる森林になっている．このような発達した河畔林がみられるのは，氾濫原と呼ばれる場所である（第5章を参照）．

このような発達した河畔林では，大局的にみて表7-1の種群6, 7, 8に含まれる草本植物が林床植生を作っている．ただし，河畔林内の場所によって優占種や群落高，植被率に大きな違いがあることが見て取れるので，何らかの要因によって種組成や群落構造が変化していると考えられる．たとえば，オオバコウモリ，アズマヤマアザミ，ハンゴンソウ，サラシナショウマなど草丈が2 m以上にもなる背の高い草本（高茎草本）の多い密な草本群落が成立している場所（図7-16）がある一方で，コチャルメルソウやマイヅルソウといった草丈が20 cmに満たない背の低い草本植物のみが群落を作っているところもある（図7-17）．

第6章で述べられているように，河畔林は立地の環境条件，攪乱後の経過時間，群落の遷移方向の違いによりモザイク構造となっていて，発達段階と種組成が異なる様々な群落が混在している．また，河畔林内部には氾濫や地下水の挙動が関与しているとされる溝や凹地などが多数存在する（第5章を参照）．このように，林内には各種の地表の攪乱が発生し，植物の生育に影響を及ぼしていることが予想される．また，そもそもの地表面付近の堆積物も場所によって異なっていることから，河畔

図 7-16 オオバコウモリが優占する20年以上の発達したパッチ状群落の林床（2010年8月22日，撮影：川西基博）．

図 7-17 背丈の低い草本のみがみられる林床（2009年8月12日，撮影：若松伸彦）．

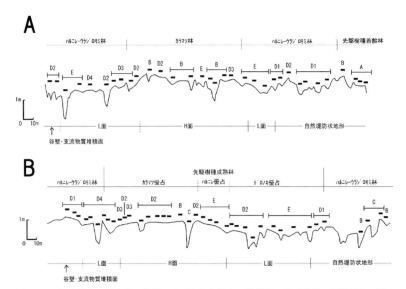

図7-18 河畔林内の微地形・林冠タイプと林床植生の群落型の相互関係．横断面上の短いバーは植生調査地点を示す．図の左側が谷壁斜面側，右側が本流側である．アルファベットは以下の優占型と対応する．A：クサボタン型，B：ベニバナイチヤクソウ型，C：マイヅルソウ型，D1：コチャルメルソウ型，D2：オシダ型，D3：オクノカンスゲ型，D4：フッキソウ型，シナノザサ型．

林内における林床の環境は極めて不均一であるといえる．

図7-18は明神―徳沢間の氾濫原内において，微地形測量がおこなわれた2本のライン上で（第5章図5-3参照），パッチ状群落の調査と同様の方法で林床植生の調査をおこなった結果を示したものである．調査区間で共通して出現する種が多く，パッチ状群落の結果のようにはっきりとした種組成の違いはみられなかった．ただし，優占種には違いがみられ，微地形または林冠タイプと対応関係が認められたものがいくつかあった．

たとえば，マイヅルソウ優占型はハルニレ―ウラジロモミ林に，ベニバナイチヤクソウ優占型はカラマツ林に分布している傾向があった．マイヅルソウ優占型は，亜高木層や低木層にウラジロモミ，イチイなどの針葉樹種が多く林床が著しく暗い場所や，安定期間が長いことによって土壌化が進んだ場所に関係していることが予想される．またベニバナイチヤクソウ優占型は，表層に礫が露出している場所などに出現している

第7章 上高地を彩る草本植物 —— 117

ように思われる．それ以外の，優占型の出現傾向は，微地形や林冠に優占する樹種との対応がみられず，森林の発達段階や林冠タイプからだけでは林床植生の違いを説明できない．

　この点に関して注目しているのは，各地形面上でみられる小起伏に対応して優占種が変化する傾向があることである．おそらく，草本植物たちは，林冠タイプを決めた過去の大きな流路変動（第5章参照）だけでなく，メインの河道が現在の位置に移動した後，大雨などの際に河畔林内に流入した氾濫や土砂堆積による影響も受けてきたのではないだろうか河畔林内の小さな氾濫が生じる場所は本流や溝との位置関係によって決まるため（第5章参照）．突発的な地表攪乱が，林冠タイプや地形面と関係なく起こりうる．そのため，林冠タイプを規定した立地環境，つまり河道の移動と関係した現象によって作られた環境は時間の経過とともに不明瞭となり，その後のさまざまな地表攪乱の影響を反映した林床植生が成立しているのではないかと予想している．

氾濫原における樹木と草本植物の関係

　これまでは，林床の草本植物が林冠を形成している樹木や地表面の環境，地表攪乱によって影響されているということを述べてきた．しかし，一方では樹木が林床の草本植物に影響を受けているのである（若松，2010）．

　一般的に木本植物は，すべての茎が木化して，横方向に徐々に肥大成長する．この成長量が季節によって異なるため，年輪が形成される．また，垂直方向にも徐々に枝や幹を伸ばすことで樹高が高くなっていく．毎年毎年，継ぎ足し継ぎ足しで，高く高く伸びていくため，冬に葉を落とす落葉樹種でさえも，春には昨年までに成長した高さにふたたび葉っぱを展開することができる．光合成が重要な活動である植物にとっては，高い場所に葉っぱを展開できることは，日光をめぐる競争においてかなりのアドバンテージである．

　それに対して，草本植物の茎葉は軟質で生育に適した季節が終わると果実や種子が成熟した後に死滅するか（一年草），地下茎と根を残して地上部が枯れる（多年草）．そのため，草本植物は，夏の間にある程度

の高さまで成長しても，翌年の春にはふたたび地表面から成長を始めることをよぎなくされ，木本植物よりも不利な点が多い．しかし，一年間のみの茎の成長速度だけみると，草本植物の方が一般的に速い．つまり，同時に地表面から成長を始めた場合，木本植物は草本植物に完敗である．木本植物が発芽し定着してから夏の草本植物の高さを超えるには数年かかることになり，これが木本植物の生存にとっては一つの大きな壁となる．したがって，樹木の実生や稚樹の生育が草本層により制限されることがある．発芽して数年間，場合によっては数十年間，木本植物の実生や稚樹は，草本植物の草場の陰でじっと耐えすごさないといけない．つまりは，草本層は森林の上層を占める樹木の更新，その後の成立を決定する競争の場である．

　梓川の河原や氾濫原において高木層に卓越しているヤナギ類は100年も経てば，寿命を迎え枯れてしまう運命にある．現在，上高地の氾濫原で優占林を成しているヤナギ林の多くは樹齢が百年に達しているので，高木層を占めているヤナギ類は近い将来，まちがいなく枯死したり倒れたり，消滅する．ヤナギ類は発芽定着の段階で相当の光が必要であり，開けた河原などで成長可能であるが，樹木の葉に完全に覆われた状態にある林内などでは成長は不可能である．そのため，上高地におけるヤナギ類の林はゆくゆくはハルニレやウラジロモミといった，より耐陰性の高い樹種が優占する森林へと遷移していくと考えられる（第6章参照）．森林の遷移の系列からみると，ハルニレやウラジロモミは，遷移の後期種に位置づけられる．しかし，このような遷移が草本層での競争の結果しだいでは進行しない可能性がある．

　上に述べたように，河畔林の中には，オオバコウモリ，アズマヤマアザミ，ハンゴンソウやサラシナショウマなど背丈が2m以上にもなる高茎草本が繁茂する場所がある（鈴木ほか，2010）．たとえば，明神池周辺や大正池周辺のヤナギ林の林床などである．このような高茎草本はしばしば密生する傾向があり，春の雪解けから成長し始め，初夏までの短期間に一気に背丈を伸ばし，草本層を占領してしまう．そのため，いくら耐陰性の高い木本植物でも，まだ背が高くない稚樹の段階では，密生した草に遮られて成長するために十分な光の確保が困難となってしまう．

図7-19 氾濫原内のギャップにみられる高茎草本群落（2009年8月12日，撮影：若松伸彦）．

　もし，ヤナギ類が寿命を迎えた後に高木層を担うはずのハルニレやウラジロモミが定着し成長しなければ，このような場所からは木本植物がいなくなり，草本植物が独占する可能性さえある．実際に，明神—徳沢間の氾濫原では，いよいよ寿命を迎えたヤナギ類の巨木が立ち枯れたり，倒れたりした後に大きな空間（ギャップ）がぽっかりと空いて，高茎草本による草原が広がり始めている場所が数多くみられる（図7-19）．

　氾濫原内の林内を覆っている草本植物がすべてなくなれば樹木種の発芽や定着は比較的簡単であろう．大規模な攪乱が生じて林冠を形成しているヤナギ類も含めすべて流されてしまえば，ヤナギ類の実生が裸地に定着し，ヤナギ林になる．しかし，これだけではヤナギ林ばかりでハルニレやウラジロモミの優占林にはならない．つまりは，林冠木は破壊しないような地表面だけを破壊するような地表攪乱が起これば，遷移後期種の定着の可能性もある．氾濫原内の溝などの影響で突発的に発生する小規模な攪乱がそうしたイベントとして想定されるが，そう簡単なことではないようである．

氾濫による土砂堆積からの復活

　ここで，河畔林の林床に生育する草本植物の生活について考えてみたい．植物の生活を理解するためには，光合成，種子の散布，水分，栄養塩の利用など，さまざまなことを知る必要がある（Gilliam & Roberts, 2003）．流路沿いにあって，洪水による攪乱後，森林が発達途上にある河床砂礫部では，新しく形成された立地にいち早く侵入可能な種子散布様式をもち，かつ明るい環境に適した光合成特性をもつ先駆的な植物種が有利と考えられる．一方，河畔林の林床植生を構成する草本植物は，暗い環境でも生活できる光合成特性をもち，他の草本や低木，樹木の稚樹との競争に勝る特性をもつことが有利であるだろう．これらの特性以外に，さらに氾濫による攪乱への耐性として栄養成長，または栄養繁殖様式の有無つまりは地下器官の形態が重要と考えられる．

　たとえば，ヤナギ類やハルニレが優占する発達した河畔林では，氾濫時に砂や礫が林床に堆積することが時々ある（図7-20）．河畔林内では，林床の草本の茎や葉が埋められているのをよくみかける．本流に面した河畔林内において土壌断面を掘り，堆積物層と草本の地下部を観察したところ，氾濫の際に埋められた茎から不定根が発生し，地上茎の一部あるいはすべてが二次的な根茎となって，次年の地上部を再生していた．それが実際に確認できた草木植物種は，直立茎をもつ高茎草本のアズマヤマアザミ，クサボタン，オオバコウモリ，サラシナショウマ，オニシモツケ，匍匐性の草本であるラショウモンカズラ，フッキソウ，短縮根茎でロゼット状のオオバコである（図7-21）．おそらく，これら以外の多くの草本が同様の特性を備えているだろう．

　このような特性は，砂の堆積による埋没に対して適応的であると考えられる．ある程度の土砂の堆積であれば林床の草本植物は復活することができるのである．つまり，高茎草本群落が林内に繁茂している場所では，地表面にある草本植物の葉や茎を破壊するだけでなく，多年生草本の根茎を再生が困難な地中深くに埋めてしまい，かつ林冠木を破壊しないような地表攪乱が起これば，ハルニレやウラジロモミのような遷移後期樹種が定着可能かもしれない．

　しかし，本調査をおこなっている河畔林の下流側の地域では，このよ

図 7-20 氾濫によってヤナギ林内に堆積した土砂（2008 年 5 月 23 日，撮影：若松伸彦）．

図 7-21 フッキソウ（左）とオオバコウモリ（右）の二次根茎（撮影：川西基博）．

うな都合のよい撹乱が起きた形跡はみあたらず，むしろ土壌が湿潤環境にある場所は，ヤナギ類の森林からハルニレ，ウラジロモミの林に遷移することがポテンシャルとしてそもそも不可能なことも考えられる．

このように，上高地の氾濫原では絶えず大小の撹乱が起こることにより，多様な植物からなる森林群落が維持されていると考えられる．河畔

林を彩る草本植物はか弱いようにみえても，氾濫に耐え，周囲の草本や樹木と競争しながら，じつにたくましく生活しているのである．河畔林内の林床植生は，ここで紹介したもの以外にもさまざまなタイプがあり，それぞれの草本群落はいろいろな要因に影響を受けている．それが何かを考えながら登山道を歩けば，高嶺をめざすための退屈な平坦道も楽しくなるかもしれない．

文献

Gilliam, F. S. and Roberts, M. R. 2003. Introduction, Conceptual franework for studies of the herbaceous layer. In *The herbaceous layer in forest of Eastern North America*, ed F. S. Gilliam and M. R. Roberts, 3-11. Oxford：Oxford University Press.

Siebel, H. N. and Bouwma, I. M. 1998. The occurrence of herbs and woody juveniles in a hardwood floodplain forest in relation to flooding and light. *J. Veg. Sci.* 9：623-630.

鈴木由香・若松伸彦・山下実緒・川西基博，2010．上高地梓川氾濫原のヤナギ優占林における林冠ギャップ下の林床植生と後継樹木稚樹の出現状況．上高地自然史研究会編『上高地における河畔植生の動態と地形変化に関する研究』上高地自然史研究会研究成果報告書，12：28-35.

若松伸彦 2010．林床植生にもっと光を―林床草本の立地環境評価．植生情報，14：73-76.

コラム2

上高地の高山植物

川西基博

　上高地ではさまざまな植物を見ることができるが，登山道を歩いていればふつうに目につくものがある一方で，まれにしかお目にかかれないものもある．まれな植物の代表としてはラン科植物などが挙げられるが，本来の生育地が上高地とは異なるところにある植物もこれにあてはまる．後者の例として高山植物がある．

　高山の植生はさまざまな分布パターンをもつ植物から構成されているので，高山で見られる植物をひとくくりに高山植物と呼べばよいというものではない．清水（1989）によれば，高山植物とは，概念的には高山帯を生活の本拠地とする植物と定義され，ほとんど常に高山帯でしか見ることのできない植物（真正高山植物）と，高山帯と同程度に亜高山帯にも出現するが，山麓帯や低山帯にはほとんどみられない植物（好高山植物）が含まれる．この真正高山植物がたくさん花を咲かせているお花畑を楽しむためには，高山帯まで登らなければならず，登山を頑張った人へのご褒美のようなものである．しかし，運が良ければ，上高地の河川敷でも見ることができるのである．

　上高地で私がこれまで出会った真正高山植物は，ミヤマクワガタ，タイツリオウギ，シコタンハコベなどである．こんなところにいていいの？　と聞きたくなったが，これらの植物の生育地は高山帯の草地や岩礫地であることが知られている（清水，2002）ので，おそらく上高地の河床砂礫地の環境が本来の生育立地と似ているのだろう．花を咲かせていたので上高地でも生活をまっとうできるようだが，子孫はうまく残せているのだろうか．高山帯の本拠地から斜面を下って梓川に落ちてきているものがいるのだろうか．思いがけず出会った高山植物に興味が尽きない．

図　上高地の河川敷で見られたミヤマクワガタ．

文献
清水建美 1989．日本の高山植物―その要素区分．プランタ 4：11-17．
清水建美 2002．『高山に咲く花』山と渓谷社．

コラム3

上高地牧場

若松伸彦・岩田修二

　著者の若松は，山に盛んに登っていた学生時代，「昔，上高地には牧場があった」と聞いたことがあった．たしかに徳澤園と徳澤ロッヂの間のテント場には，気持ちのよい草地が広がり，牧場らしいと言えばそう見えなくもない．しかし，こんな山奥に牧場があったのかと半信半疑であった．しかし，ウェストンが1891年徳本峠を越えた時の記述に「峠の頂上から急斜面のぐらつく岩を伝って強引に下ると，一時間半で梓川の左岸の草地に着いた．そばの林の中に，農商務省の小屋がまた一つあった」とある（ウェストン，1997：p.41）．また帰路の記述にも，「ふたたび川を渡り，農商務省の小屋の近くの牧場を通り過ぎた」（p.50）と書かれており，たしかに牧場はあったようだ．また，『安曇村誌 第三巻 歴史下』（安曇村誌編纂委員会，1998）によると，1884年（明治17年）に島々の上条百次郎他が農水省山林局に上高地に牧場を開くことを請願し，許可されたと書かれている．春に徳本峠を越えてウシやウマを搬入し，冬になる前に徳本峠を越えて戻る季節放牧をしていたようである．この牧場は1934年（昭和9年）に閉鎖された．

　牧場の番人小屋の位置は当初は，田代橋上流右岸にあり，その後，明神池入口に移り，のちに古池のあたりに移ったようで，ウェストンが見た小屋はこの時代の番小屋だろう．その後古池あたりの小屋は洪水に流され，最終的には1929年（昭和4年）に徳沢に移ったとされる（徳澤園 http://www.tokusawaen.com/，2016.6.1.閲覧）．山小屋徳澤園の前身は牧場の番人小屋であり，今の徳澤園の脇に広がる草地は牧場の跡であろう．ここで注目すべきは，古池のあたりの番小屋が流された点である．約100年前には梓川の流路は，古池のある左岸寄りにあったようで（第2章参照），いまのヤナギ壮齢林はその後に成立したのである．つまり，明神―徳沢間氾濫原内の樹木の多くは，番小屋が徳沢に移った後に生育した可能性が高く，そのため牧場であったことを示す形跡は見られない．一方，徳澤園周辺にはヤナギ類は少なく，遷移のより後期にあたるハルニレが多い．おそらく牧場時代から大きな攪乱もなく，いまだに牧場の面影が残っているのだろう．

　しかしその徳沢付近でも，チモシーやオニウシノケグサ，クローバー

などの牧場特有の外来植物はみられない．日本各地では100年前から成長の良い外来牧草の播種をおこなっていたが，上高地ではこのような外来牧草の種を蒔いたりせずに，放牧していたに違いない．もし，オニウシノケグサなどの外来牧草を導入していたならば，このような外来植物に排除されてしまい，ニリンソウなどの上高地の美しい花々は見られなかったかもしれない．

図　徳沢の牧場跡の草地．現在は徳沢キャンプ場．
（写真提供：一般財団法人自然公園財団）．

文献
安曇村誌編纂委員会　1998．『安曇村誌 第三巻 歴史下』449-453．安曇村．
ウェストン，W. 著，青木枝朗訳 1997．『日本アルプスの登山と探検』 岩波書店．

第三部

河畔林の自然を守るために

ここまでに示したように上高地の自然は変動することで維持されている．上高地は国立公園に指定されており，その優れた自然景観は人為的自然破壊や環境改変から守られてきた．一方で，梓川の河床や周辺の山地斜面ではさまざまな目的での人口改変が数多くおこなわれており，上高地の自然のしくみに大きく影響を及ぼしているおそれがある．ここでは上高地の自然で生きる生きもの（ニホンザル）の暮らし，人間活動が上高地の自然に与えている影響，そして，上高地の自然のあり方を，国立公園管理という視点から述べる．

第8章

厳寒の上高地を生きぬくニホンザル
――夜間の「泊り場」とその環境選択

泉山茂之

はじめに

　ニホンザル Macaca fuscata は，日本国内では畑を荒らしたりするために不人気であるが，海外からの観光客にとっては「スノーモンキー」として人気者であり，地元の観光にも一役買っている．観光客にもみることができる「スノーモンキー」のニホンザルは，志賀高原で有名な長野県山ノ内町の温泉で人間により「餌付け」されたサルである．しかし，上高地に棲んでいるニホンザルは人から餌をもらうことはけっしてなく，ほんとうの野生ニホンザルである．上高地は，冬期間には氷点下25℃以下に冷え込むことがしばしばある．上高地は積雪地であり，低温環境下にあるが，ニホンザルはしっかり生きぬいてきたのだ．ニホンザルは，ツキノワグマなどのような「冬眠」はしない．このため，冬期間においても，移動や休息，採食を繰り返す「遊動生活」をおこなっている．日中は，来る日も来る日も，動いて何かを口にしなくては生きてゆけない．しかしニホンザルは，ヒトと同じように視覚の生きものであるため，夜間は活動を停止し，いわゆる「泊り場」で一夜をすごす．厳寒の上高地において，野外で一夜をすごすことを想像してみよう．ニホンザルは，人間のように焚き火にあたることなどはできない．この章では，サルたちがどのようにして寒い夜をのりきっているのか，サルたちの行動観察から明らかにしてゆく．

　森林に棲息する多くの霊長類は，日中に活動し夜間には行動を中止する（河合，1969）．このため，結果として一生の約半分の期間を「泊り場」ですごすこととなり，「泊り場」としてどのような環境を選択する

のかは，彼らが生息してゆくうえで，きわめて重要であると考えられている（Cui et al., 2006）．サルの仲間が，「泊り場」としてどのような環境選択をするのかについて，捕食者との関係について多くの霊長類で報告されている．Tenaza and Tilson(1985)は，クロステナガザル *Hylobaies klossii* の群れはニシキヘビなどの外敵から身を守るために，ニシキヘビが登ることができない泊り木を選択していると述べている．Reichard(1998)は，シロテテナガザル *Hylobates lar* の群れは捕食される危険性を減らすために，見通しの良い場所，避難が容易な場所の条件を備えた場所を繰り返し利用すると述べている．さらに，Di Bitetti et al.（2000）は，フサオマキザル *Cebus apellanigritus* の群れは，捕食者に出会う危険性を回避するために，より樹高の高い大きな木に泊り場を形成しているとしている．

捕食者との関係以外については，Von Hippel(1998)はアビシニアコロブス *Colobus gueraza* の群れは，採食場所の探索に費やす時間やエネルギー消費を減らすために，採食場所近くに泊り場を形成するとしている．Andersen(1998, 2000)は，小型霊長類は，風雨などの悪天候が霊長類の休息の妨げになると述べ，樹木が繁茂した場所や，樹洞を泊り場として選択していると述べている．このように，海外の霊長類の泊り場の環境選択については，外敵からの安全確保，採食場所へのアクセス，風雨などの気象条件からの防御などが，選択の要因とされている．これら海外における霊長類の泊り場の環境選択についての研究は，多くが熱帯林で実施されている．

いっぽう，ニホンザルは世界でももっとも高緯度にまで分布している霊長類としてよく知られている．このため，寒冷かつ積雪地における泊り場の環境選択に着目することにした．上高地は，北アルプスの山間に位置し，多雪地であるうえに，冬期間はきわめて寒冷な気候を示している．また，非積雪期には日本アルプスの高山環境を利用する群も棲息する(Izumiyama et al., 2003)．ニホンザルの泊り場の環境選択については，「餌付け群」において多くの報告がなされている．ニホンザルの餌付けは，1952年に宮崎県幸島で始まり，その後日本全国に広まった（河合，1969）．餌付けによる調査手法は，個体識別による社会学的研究など研究の進展をもたらした反面，採食条件の著しい改善により，個体

数の増加や猿害の拡大などの，多くの問題を結果としてもたらしたとされる（和田，1989）．このため，とくに採食条件との関連については，慎重に検討する必要がある．餌付け群の泊り場について，河合（1969）は，冬の寒さや夏の暑さをしのぐことができる場所，イヌや人間が接近できない安全な場所に形成されるとし，長野県志賀高原のニホンザルは，積雪期の泊り場として風雪をしのぐために針葉樹を多く利用することが報告されている（Wada and Tokida, 1981）．石川県白山の餌付け群においては，スギ・ヒノキ植林地を泊まり場に使うことはけっしてなく，高密度に生えた落葉広葉樹林であることがわかっている（伊沢，1982）．このような泊り場は外敵に対する防備にすぐれ，しかも食糧がある所が選ばれており，風を妨げる場所は必須の条件ではないとされる．餌付けされていない下北半島北西部の「野生ニホンザル群」の泊り場については，何本かの側枝の多いヒバの木があって，樹冠移動が可能であり，周囲には急峻な地形の個所があり，下方は比較的見通しがきいて安全性の高い条件の重要性が指摘されている（足沢，1981）．埼玉県（1994）による秩父埼玉県秩父では，確認された泊まり場15ヶ所のうち11ヶ所はスギ・ヒノキ植林地を利用していた．これまでの報告から泊り場の立地条件としては，ヒバ林やスギ・ヒノキ植林地などの常緑針葉樹林が多いが，落葉広葉樹林や樹冠下の地上などの例もあることがわかる．また，周囲に急峻な地形があること，下方の見通しがきくことなど地形との関連が指摘されている．

このようなことから，上高地に棲息する「明神の群れ」の直接観察法による行動追跡記録をもとに，積雪期の99ヶ所の泊り場を確認し，立地条件の分析結果を述べることとする．また，泊り場内と採食物の分布を明らかにするために実施した植生調査記録と，5年間にわたる気象観測記録を併せて，上高地におけるニホンザルの積雪期の泊り場の環境選択がどのようなものかをまとめる．

ニホンザルの分布北限は下北半島および津軽半島で，南限は屋久島および種子島である．ただし種子島ではすでに絶滅している．上高地は，ニホンザルの自然分布が確認されている地域のほぼ中央のやや日本海側に位置する（図8-1）．

調査対象のニホンザルの群れは，「明神の群れ」である．隣接するニ

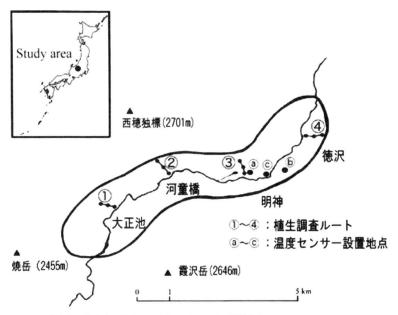

図8-1 調査地，遊動域，調査ルートおよびセンサー設置地点．

ホンザルの群れとは非積雪期の高山帯・亜高山帯で，一部遊動域の重複はみられるが，積雪期には孤立分布となっている．中部山岳におけるニホンザルの越冬地の分布上限は，山地帯の上限および亜高山帯の下限と一致するため（泉山，1994），上高地に棲息するニホンザルは例外的に亜高山帯に越冬地をもち，きわめて厳しい棲息環境に棲息する自然群といえる．「明神の群れ」の個体数は1992年68頭，1994年66頭，1995年68頭と安定している．また，意図的および不特定多数の観光客などによる非意図的な餌付けの経験はない．

泊り場の環境選択

積雪期は，降雪の遅れた年でも根雪が安定する12月下旬から，根雪が消失する前で植物の生長が始まる平均温度5℃（山中，1979）を超える4月中旬（1993年4月19日，1994年4月21日，1995年4月23日）までとし，1990年から1995年までの6年間，99日の記録を使用した．

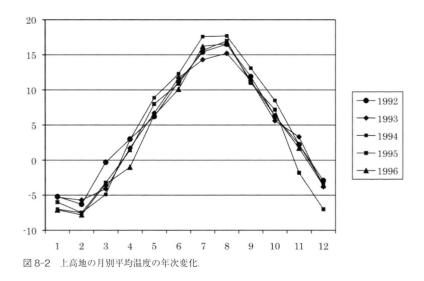

図 8-2 上高地の月別平均温度の年次変化.

積雪期には地表が積雪に覆われているため，ニホンザルは地上での採食が制限される．

「明神の群れ」を対象に，ラジオテレメトリー法および直接観察法による追跡調査を実施した．群れの成獣個体に装着したテレメーター（小型電波送信器）の電波あるいは足跡などのフィールドサインをたよりに群れを探し，発見後は群れを泊り場まで追跡した．泊り場を確認した際は，その位置，環境条件，個体の利用実態などについての詳細な記録をおこなった．そして翌朝も泊り場に急行し，残された糞尿から利用木，樹種などの確認と記録をおこなった．

棲息地内の環境は公園美化管理財団（1985）にしたがい，常緑針葉樹林，落葉広葉樹林，河原に分類した．積雪期の遊動域内を 100 m メッシュに区切り，10 m 以上の傾斜が認められない場合は平坦地とし，認められる場合には斜面方位を 16 方位に分類し環境の解析をおこなった．

また，繰り返し利用された 8 箇所の「泊り場」について，50×50 m の方形区内でサルが「泊り木」として利用可能と考えられる樹高 10 m 以上の樹木の樹種と本数を調べた．

確認した泊り場の位置は，梓川右岸に 79 ヶ所・左岸に 20 ヶ所で，79.8% が右岸であった．さらに，河畔林，沖積錐と山腹斜面との境界付

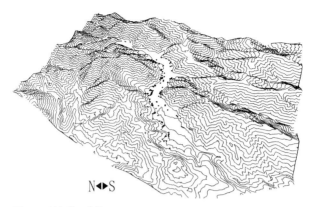

図 8-3　泊り場の位置.

近に多いことがわかった（図 8-3）.

　泊り場として利用されていた環境区分は，例外なく常緑針葉樹林内であり，落葉広葉樹林や河原内のエゾヤナギ，ケショウヤナギなどのヤナギ類が主要樹種となる河畔林はまったく利用されていなかった.

　8ヶ所の泊り場についての毎木調査から，常緑針葉樹林の占める比率は平均 74.8％であった．常緑針葉樹の樹種構成はウラジロモミの 269 本，コメツガの 171 本の順に多く，その他が 106 本であった．また，落葉広葉樹は，ダケカンバの 61 本，サワグルミの 57 本の順に多く，その他の樹種は 51 本であった.

　サルが「泊り場」内において夜間に利用していた「泊り木」は，すべて常緑針葉樹であり，確認した 246 本のうちコメツガとウラジロモミの 2 種で全体の 89％を占めていた（図 8-4）．また，夜間をすごす位置は樹冠内であった.

　「泊り場」が存在する場所の斜面傾斜方位は南，平坦地，南東の順に多く，西，北東，南西では少なかった（図 8-5）．遊動域内全域の斜面方位は，「北—西」向きが，「東—南」向きより多いが，泊り場の方位は，「東—南」向きが，「北—西」向きより多く（図 8-6）．サルは泊り場として「東—南」向き斜面を選択していることが示された．さらに，気象条件により利用斜面傾斜方位は異なり，冬型気圧配置では風下斜面にあたる「東—南」向き斜面と平坦地の利用が多く，冷え込んだ日には「東

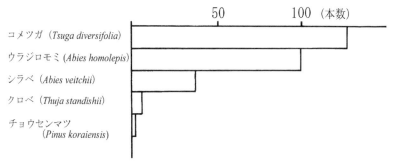

図8-4 泊り木として利用した樹種別の本数.

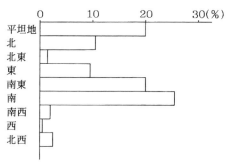

図8-5 泊り場として利用した地点の斜面方位の比率.

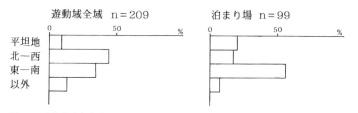

図8-6 「遊動域全域(1,800 m以下)」と「泊り場」の斜面方位の比率の比較.

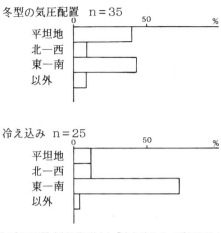

図8-7 「冬型の気圧配置(強風降雪)」と「冷え込み(−10℃以下)」の異なる気候条件下における,泊り場の斜面方位の比率の比較.

―南」向き斜面の利用が多いことがわかった(図8-7).

採食場所との関係

　積雪期中のサルの行動期間に,観察できた個体の行動を15分毎に記録した.とくに採食をしていた場合は採食物の記録をおこなった.さらに,期間中の全期間にわたってよく利用されていた落葉広葉樹のハルニレとヤチダモの分布状況を四つのルートで調査した(図8-1).各ルートは,河流または河原裸地との境界から,緩斜面の沖積錐末端から急斜面に移る境界までの距離を100とし,斜面の200の地点までを踏査し,両側5mについて樹高10m以上の高木の樹種をすべて記録し,採食物の分布を調べた(図8-1).

　表8-1は直接観察による総観察個体数は2,763であり,その採食物の一覧は表に示したものである.積雪期間中の採食比率の19.1%を占める重要な採食樹種であるハルニレとヤチダモの落葉高木の分布を図8-8に示した.採食比率の33.0%を占める落葉広葉樹は河床近くほど多く生育しており,3月から4月にかけては水辺での観察記録が増加した.また,積雪期間中に38.1%を占めるササは遊動域全域に生育するが,河床近くほど湧水が多く,風によって雪が飛ばされやすいために雪に覆わ

表8-1 「明神の群れ」の積雪期における採食場所,採食種,採食部位および採食別割合の変化

おもな採食場所	分類	採食樹種		採食部位	採食別割合（積雪期全体）	月別採食別割合（%）		
						1月	3月	4月
森林内	常緑針葉樹	コメツガ	Tsuga diversifolia	Br.	3.1	9.5	0	0
	ササ	ササ	Sasa senanensis	"Le., Bd."	38.1	48.8	46.7	16.5
	落葉広葉樹	ハルニレ	Ulmus japonica	"Br., Bd."	14.5	34.1	37.1	26.7
		ツルアジサイ	Hydrangea petiolaris	"Br., Bd."	7.6			
		ヤチダモ	Fraxinus mandshurica	"Br., Bd."	4.6			
		ミヤマイボタ	Ligustrum tschonooskii	"Br., Bd."	4.1			
		マユミ	Euonymus sieboldianus	"Br., Bd."	0.8			
		ノリウツギ	Hydrangea paniculata	"Br., Bd."	0.8			
		ヨグソミネバリ	Betula grossa	"Br., Bd."	0.3			
		アオダモ	Fraxinus lanuginosa	"Br., Bd."	0.2			
		ミヤマアオダモ	Fraxinus apertisquamifera	"Br., Bd."	0.1			
水辺		水生昆虫			11.3	3.1	12.9	49.4
		クロカワゴケ,イチョウバイカモ			7.4			
		藻			2.2			
その他		地衣植物			1.3	4.5	3.3	7.4
		草本類			1.2			
		ヤドリギの一種（クロベに寄生）			1.0			
		コケ類			0.8			
		キノコ類			0.2			
		不明			0.2			
		雪			0.2			

れにくく,サルの採食が頻繁に観察され,河床近くほどサルにとって採食条件は良好であることがわかった.

図8-9には,緩斜面から急斜面への境界にあたる,河床との林縁から河畔林,沖積錐と斜面との境界までの距離を100とし,泊り場の位置の旬間の変化を示した.1月下旬から2月中旬までとそれ以外との期間で

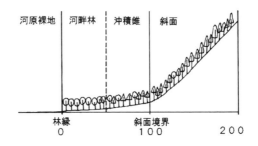

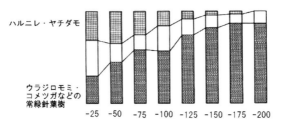

図 8-8 河原から斜面に至る地形における採食木の分布の変化.

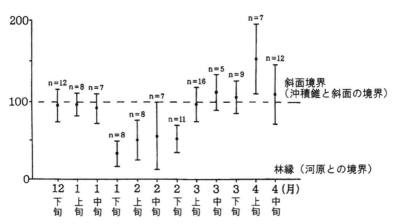

図 8-9 河原から斜面に至る地形における，泊り場の位置の旬間変化. 縦線は 95% の信頼区間を示す.

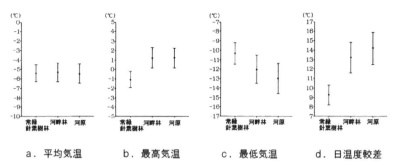

図8-10 各環境区分における棲息環境温度の比較.各立地172日間の観測.縦線は95％の信頼区間を示す.

明らかな差があり，厳冬期の1月から2月には採食場所である河床により近い緩斜面の常緑針葉樹林を選択し，12月から1月中旬までと3月から4月には緩斜面と急斜面との境界付近を泊り場として選択していることがわかった.

棲息環境温度などの気象条件との関連

　群れが，泊り場や採食場所として繰り返して利用していた行動圏の中央に位置する明神地区の，常緑針葉樹林，河畔林（落葉広葉樹林），河原（裸地）の各環境区分に温度センサーを設置して棲息環境温度の観測をした（図8-1）．温度センサーに，太陽光や雨水があたらないように設置し，10分毎の記録をおこなった．解析は，各環境区分で確実に記録が取得できた1993年1月19日〜3月31日および1994年12月21日〜1995年3月31日までの合計172日のデータを使用した（図8-10）．風速については，ポータブル風速計を使用し群れと行動を共にしていた最終確認地点で3分間の観測をおこない，続いて林外の河原裸地に移動して3分間の観測をおこなった．天気図タイプについては，気象（1991〜1995）による天気図および棲息環境温度により区分した.

　平均温度には大きな差はなかったが，分散はそれぞれ13.9，17.4，18.5とばらつきに地点間で差がみられた（図8-10）．最高温度は常緑針葉樹で低い傾向にあった．最低温度は常緑針葉樹でもっとも高く，河畔

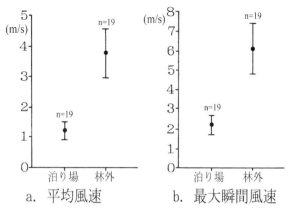

図 8-11 泊り場内と林外における，平均風速（左）と最大瞬間風速（右）の比較．縦線は 95％の信頼区間を示す．

林，河原の順に低く，温度の日較差は，常緑針葉樹がもっとも少なく，河畔林，河原の順に大きかった．また風速は，平均風速，最大瞬間風速とも泊り場内は，林外にくらべて弱かった（図 8-11）．

外敵に対する防備

　ニホンザルを観察している時に，さまざまな野生動物との遭遇があった．1993 年 1 月 28 日と 1995 年 3 月 8 には，「明神の群れ」を追っている際に，アカギツネが接近する場面に遭遇した．各個体の反応は，警戒音を発し，地上で採食をおこなっていた個体は樹上に上がった．樹上での行動は落ちついており，アカギツネが立ち去ると平常に戻った．両日とも，アカギツネがニホンザルの群れに対する執着は認められず，襲撃するために群れに接近したのではなく，偶然に遭遇したものと考えられる．また，1988 年 3 月 12 日には群れとツキノワグマが遭遇したが，各個体は警戒音を発し樹上に逃避した．しかし，ツキノワグマはすぐに立ち去り，ニホンザルの群れに意図的に接近したとは考えられない．

　鳥類については，1989 年 4 月 18 日イヌワシのつがいが群れを襲撃した．この際コドモ個体がギャーと悲鳴を発して，樹上から地上に逃げ，オトナ個体は警戒音を発し続けていた．また，1990 年 6 月 8 日，上高地の源流にあたる梓沢では雪渓沿いで，ニホンザルが採食中にイヌワシ

の襲撃を受けたのを観察した．群れはパニック状態に陥ったものの捕食は免れた．群れの逃走方向は，泊り場としてもよく利用していた岩壁のダケカンバの密藪だった．上高地ではイヌワシの他にクマタカが棲息し，しばしば群れに接近するが，常緑針葉樹林内での各個体の反応は，常緑針葉樹の梢葉が障壁になっている安心感があるためか，各個体が敏感に反応することはなかった．また，調査者がサルに接近しすぎた場合に，調査者に対し警戒音を発し，しばしば群れは樹上を伝って移動し，斜面方向に向かい逃走する行動をしばしば観察した．

冬期のニホンザルの行動

　これまでの，調査結果をもとに，ニホンザルはどのような環境選択を行っているのか考えてみよう．まず，気象条件により制限される遊動と泊り場の環境選択についてであるが，一日あたりの平均遊動距離は1月下旬から2月中旬にかけて最短になり，3月から4月に増加する（泉山，1999）．遊動距離が最短となる時期には，泊り場の位置が斜面との境界より下部の，より河床に近い平坦地を選択しており，遊動距離が泊り場の選択に深くかかわっていると考えられる．遊動は，採食場所から休息場所である泊り場への移動により引き起こされ（泉山，1999），採食樹種は河流により近い林縁ほど多い．そのため，1・2月の降雪や積雪によりサルの遊動が制限される時期には，より採食場所に近い河床近くを，泊り場として選択していると考えられる．

　泊り場として，もっともすぐれた温度条件を備えていたのは常緑針葉樹林だった．気象条件の変化は，ニホンザルの遊動距離に深い影響を与えている．気象条件を創出する各要因の中では日中平均温度，瞬間最大風速の順に影響が強いこと（泉山，1999），とくに冬型気圧配置によってもたらされる終日にわたる降雪・低温・強風の気象条件下では遊動は著しく阻害されること（泉山，1999）から，泊り場として利用された常緑針葉樹林と，利用されなかった落葉広葉樹林（河畔林），樹林が成立していない河原裸地での，棲息環境温度および風速の比較を行った．各環境区分の温度を比較すると，泊り場となる常緑針葉樹林の最高温度はもっとも低く，採食場所となる河畔林・河原裸地の方が高いことがわ

かった．また常緑針葉樹林の最低温度はもっとも高く，河原裸地がもっとも低かった．日中に行動するニホンザルは，昼間は温度がより上昇して高温となる河畔林・河原裸地で採食をおこない，夜間はもっとも温度の低下が緩やかで，かつ温度の高い常緑針葉樹林を選択していた．

各棲息環境区分での，積雪期に頻繁に出現する天気図タイプを，棲息条件の悪化によりニホンザルの行動に大きな影響を与える低温・強風・降雪という条件から，高気圧圏内・無風で−10度以下に厳しく冷え込んだ日と，遊動が著しく阻害される強風・降水の冬型の気圧配置下に分け棲息環境温度（1991〜1995年）の日最低温度と日温度較差の比較をおこなった．冷え込んだ日は無風・快晴で，地上近くの温度が上空より低くなり逆転層ができる放射冷却現象が起こっていた．このような日でも，常緑針葉樹林内の温度がもっとも高かった．常緑針葉樹林は，温度の低下がもっとも鈍く，他の環境に比べて高温でありすぐれた保温作用をもつと考えられる．また，温度日較差も常緑針葉樹林では小さかった．常緑針葉樹林は，常緑の梢葉が被覆の役割をし，棲息環境温度の激しい変動を和らげる，すぐれた緩衝効果をもつと考えられる．ニホンザルは，冷え込みがもっとも緩和され，棲息環境温度の変動がもっとも緩やかである常緑針葉樹林を泊り場として選択しているのである．

次に，風との関係をみると，強風・降雪によって特徴づけることができる冬型の気圧配置下では，それぞれの環境区分での冷え込み条件下ほどの著しい棲息環境温度の差は認められない．これは，風の存在が棲息環境温度を一様にする働きをもつため考えられる．高気圧圏内・冷え込みの気象条件との最大の相違は，寒気の流入による季節風の有無である．和田（1979）は，志賀高原でのコメツガ林とミズナラ林での32日間の温度観測記録から，気温は0.5℃から2℃コメツガ林の方が高く，サルの夜の泊り場としてはコメツガ林の方がすぐれている可能性を示唆し，常緑針葉樹林内の防風効果に注目していたが，それほど充実した資料を入手できなかったことは意外であったと述べている．伊沢（1982）は白山での観察記録から，泊り場は外敵に対する防備にすぐれ，しかもそこに食物がある所が選ばれており，風を防げる場所は必須の条件ではないと述べている．しかし，上高地では冬型の気圧配置の気象条件下においても，ニホンザルが常緑針葉樹林を泊り場として選択していた．一

日の遊動距離にもっとも関係しているのはニホンザルの活動期間である日中平均温度で，次いで最大瞬間風速とされる（泉山，1999）．このため，棲息環境温度に差はなかったが，風についての比較をおこなった．この結果，平均風速，最大瞬間風速とも，泊り場内では強く，強風を常緑針葉樹林の梢葉が軽減する防風作用が認められた．

　上高地では，寒気の流入に伴う季節風は，南西から西南西の方向からもたらされる（建設省，1995）．冬型の気圧配置下の泊り場として利用された斜面方位を風上となる南西向き斜面と，風下となる北東向き斜面を天気図タイプにより比較した．しかし，風下側斜面の利用が必ずしも多いという結果にはならなかった．季節風は河流の裸地に沿って吹き抜け，河流近くほど風速が強いと考えられる．しかし，冬型の気圧配置下において平坦地を選択する比率が高いのは，遊動距離が他の天気図タイプに比べ有意に短いため（泉山，1999），採食場所により近い河床近くの常緑針葉樹林を選択せざるを得ないためと考えられる．泊り場の選択には，より採食場所との関係が深く関わっていると考えられた．

　さらに，日照条件との関係をみると，気象条件を好天・降水に分けた利用方位からは，天気図タイプと同様に，利用方位は東―南向き斜面が西―北向き斜面に比べて圧倒的に多く，降雪のため遊動距離が短くなることにより，平坦地の利用比率が増すものと考えられる．さらに，風速との関係とは別に，東―南向き斜面はより早く日照に恵まれることを忘れてはならない．積雪期間中，朝日の恩恵を受けんがためのように身をのり出して日光浴を行うニホンザルの姿をしばしば観察された．泊り場の多い梓川右岸は，ほとんどが東―南斜面であり，東―南向き斜面は日照の条件について好条件を備えており，泊り場選択の重要な選定要因となっていると考えられる．

　最後に，外敵との関係について，伊沢（1982）は，泊り場の条件として，外敵に対する防備にすぐれ，しかもそこに食物がある場所が選ばれているとしている．上高地では，一般にニホンザルの外敵とされるノイヌの棲息は確認していない．しかし，アカギツネに対しては樹冠内に入るとほぼ警戒の行動は観察されず，中型肉食獣がニホンザルの生存に対して大きな脅威にはなってはいないと考えられる．他の哺乳類では，樹上生活や夜間の行動に長じたツキノワグマが，ニホンザルの天敵として

重要な資質をもっていると考えられた．ブロムレイ（1965）はツキノワグマが積極的に哺乳類を攻撃して捕食することは稀であるとし，宮尾（1989）は胃内容分析からツキノワグマが捕食者ではないと結論づけている．これまでのツキノワグマの食性解析からニホンザルの報告はなく，ツキノワグマがニホンザルの積極的な捕食者となっているとは考えられない．

一方で，イヌワシ・クマタカはたびたびニホンザルへの攻撃もおこなっている．森岡ら（1995）によると，イヌワシの採食物にニホンザルが含まれており，イヌワシにはニホンザルを捕食する能力をもち合わせていると考えられる．

上高地において，調査者の接近に対して群れ個体は，河畔林，沖積錐から斜面へと逃走し，さらに樹冠伝いに斜面上部へと逃避していく．この観察記録からは，精神的な安心感をもつという，心理的要因も重要であると考えられた．常緑針葉樹の樹冠伝いの逃避は，外敵からの逃避という面できわめて有効であると考えられる．足沢（1981）は，下北半島北西部の観察から泊り場の条件としてヒバの樹冠移動が可能であり，下方の見通しがよくきくことを指摘している．ニホンザルの反応は，樹上に上がると落ちつきがみられ，泊り場として緩斜面と急斜面の境界にあたる，斜面と沖積錐，河畔林の境界を選択する理由の一つは，この心理的要因が重要であると考えられる．

しかし，もっとも優先されるのは採食場所との関係であろう．積雪期の上高地のニホンザルの泊り場の環境選択は，例外なく常緑針葉樹林内の樹冠移動が可能である常緑針葉樹の樹冠内であること，梓川右岸の南―東向き斜面の朝日のあたる斜面や，斜面と沖積錐・河畔林の境界付近に多い．常緑針葉樹林は他の環境区分に比べ，温度の低下はもっとも少なく日温度較差は少なくすぐれた緩衝作用をもち，強風について著しい防風効果をもっていた．この常緑針葉樹林の常緑針葉樹の樹冠内で，ニホンザルの各個体は3頭から10頭がかたまる「Huddling」の行動をとっている．エネルギー損失を最小限に防ぐという意味で，常緑針葉樹林というもっとも適した環境を選択していると考えられる（低損失に徹した行動①）．

しかし，積雪期間中においても泊り場の位置は変化し，新雪や低温に

より遊動が阻害されることが多い1・2月には，梓川河床近くの採食場所近くを泊り場として選択していた．泊り場の位置決定には遊動距離が大きく関わっており，気象条件の悪化により遊動が阻害されると，泊り場の位置も採食場所へのアクセスがもっとも容易な，採食場所の近くを利用するようになる（低損失に徹した行動②）．

　積雪期の上高地における泊り場の選定条件は，外敵からの防備という点も一つの要因となっているものの，より重要な点はより良好な温度条件である常緑針葉樹という環境を選択したうえで，群れ生活をおこなっている社会性を最大限に生かし，エネルギー損失を最小限にすることに徹した行動と考えられる．

　このうえで，できるかぎり栄養価の高い食物を選択し，より効率よく採食できるかが重要であると考えられる．1・2月にしか観察されない泊り木として利用するコメツガの梢の樹皮の利用や，泊り木の樹皮に張り付いて生育するツルアジサイの樹皮・冬芽の採食割合が高くなることは，できるかぎり樹冠から離れない場所での採食行動に徹している結果と考えられる（低収益だが目減り分を最少に抑える採食行動③）．

　このように，上高地のニホンザルはこれら①から③の行動に徹することにより，結果として，冬季にはエネルギーの損失を最少に抑えていると考えられる．一日の疲れを癒し，健康を維持するという意味から，泊り場はニホンザルの生活の拠点ということができる．棲息環境条件の厳しい積雪期においては，泊り場の選定が厳しい棲息環境条件をできるかぎり緩和し，エネルギー損失をいかに低く抑えることに徹するという意味で重要であり，いわば上高地におけるニホンザルの生存の鍵を握っているものと考えられる．

文献

Anderson, J. R. 1998. Sleep, Sleep site, and Sleep-relatede activities : Awakening to their significance. *American Journal of Primatology* 46 : 63-75.

Anderson, J. R. 2000. Sleep-related behaviornal adaptations in Free-ranging anthropoid primates. *Sleep Medicine Reviews* 4 : 355-373.

足沢貞成 1981．下北のサル．雪山にサルを追う．どうぶつ社．

ブロムレイ，G. F. 1972．ヒグマとツキノワグマ―その比較生物学的研究．思索社．

Cui, L.W., Quan, R.C. and Xiao W. 2006. Sleeping site of Black and white snub-nosed monkeys (*Rhinopithecus bieti*) at Baima Snow Mountain, China. *Journal of Zoology* 270 : 192-198.

Di, Bitetti M. S., Vidal, E. M. S., Baldovino, M. C. and Benesovsky, V. 2000. Sleeping site preferences in Tufted Capuchin Monkeys (*Cebus paella nigritus*) *American Journal of Primatology* 50 : 257-274.

伊沢紘生 1982. ニホンザルの生態. どうぶつ社.

泉山茂之 1994a. 中部山岳地帯のニホンザルの分布. 日本林学会論文集 105 : 473-476.

泉山茂之 1994b. 高山帯・亜高山帯に生息するニホンザルの生態研究1―「槍ケ岳の群れ」の季節的環境利用―. 日本林学会論文集 105 : 477-480.

泉山茂之 1999. 上高地に生息するニホンザル自然群の遊動の季節性と気象条件との関係. 霊長類研究 15 : 343-352.

Izumiyama, S., Mochizuki, T. and Shiraishi, T. 2003. Troop size, home range area and seasonal range use of the Japanese macaque in the Northern Japan Alps. *Ecological Research* 18 : 465-474.

河合雅雄 1969. ニホンザルの生態. 河出書房新社.

建設省 1995. 上高地河畔林保全に関する基礎調査報告書.

公園美化管理財団 1985. 上高地の自然.

宮尾嶽雄 1989. ツキノワグマ. 信濃毎日新聞社.

森岡照明ほか 1995. 日本のワシタカ類. 文一総合出版.

長野営林局 1976. 上高地国有林.

日本気象協会 1991-1995. 気象.

Reichard, U. 1998. Sleeping Site, Sleeping place, and Pre-sleep behavior of Gibbon (*Hylobates lar*). *American Journal of Primatology* 46 : 35-62.

埼玉県 1994. 埼玉県ニホンザル生息状況報告書.

Tenaza, R. and Tilson, R. L. 1985. Human Predation and Klosss Gibbon (*Hylobates klossii*) Sleeping Trees in Siberut Island, Indonesia. *American Journal of Primatology* 8 : 299-308.

山中二男 1979. 日本の森林植生. 築地書館.

Von Hippel, F. A. 1998. Use of Sleeping trees by Black and White Colobus Monkeys (*Colobus guereza*) in the Kakamega Forest. Kenya. *American Journal of primatology* 45 : 281-290.

和田一雄 1979. 野生ニホンザルの世界. 講談社.

Wada, K. and Tokida, E. 1981. Habitat Utilization by Wintering Japanese Moneys (*Macaca fuscata*) in Shiga Height. *Primates* 22 (3) : 330-348.

和田一雄 1989. ニホンザルの餌付け論序説. 哺乳類科学 29 : 1-16.

第9章

破壊される上高地の自然

岩田修二・山本信雄

河畔林消滅の危機

1) さかんにおこなわれる土木工事

　上高地は中部山岳国立公園に属している．そのなかでも，上高地は，もっとも規制が厳しい特別保護地区[*1]であり，地域そのものが特別名勝・特別天然記念物でもある．したがって，これまで述べてきた私たちの調査はすべて，毎年煩雑な調査許可申請をおこなって諸官庁から許可を得ておこなわれてきた．そうでなければ，上高地では，枯葉や転石すら採取はもちろん移動も許されない．これまで多くの先人たちが人為的自然破壊や環境改変から上高地を守ってきた実績がある（コラム5参照）．ここではすぐれた国立公園管理がおこなわれ，国立公園の理想の姿であるという評価もある（加藤，2006）．このように，上高地は，国民がこぞって保護してきた国家的財産である．

　ところが，上高地を歩いてみると，梓川の河原や支沢に堤防やダムが建設され，あちこちにパワーショベルなどの重機が置かれ，土木工事がおこなわれているのをみることができる．きびしく自然が守られているはずの上高地のあちこちで自然が改変されている．このような土木工事は，前章までに述べられてきた，河流と土砂移動の微妙なバランスの上に成り立っている河畔林の繊細な自然に重大な悪影響を与えていると考えざるを得ない．

　この章では，とくに河童橋から上流について，梓川の河原と，そこに土砂を供給する支谷での土木工事を取り上げ，梓川氾濫原の河畔林への影響を考え，その結果危惧されること，そしてそれを回避するための取り組みを紹介する．

2) 災害防止のための工事

　本流沿いや支谷での施設や工事の目的の多くは防災対策である．ここで，これまでの上高地での防災工事の歴史を短くまとめると，まず，洪水や土砂災害が上高地で問題になってきたのは1960年代から1970年代にかけてである．集中豪雨によって，支沢からの土石流被害や河童橋付近での冠水被害が数回発生した．このため，1960年代後半から支沢には砂防ダム[*2]や流路工[*3]，本流沿いには堤防・護岸工が建設された．しかし，河童橋付近での河床上昇は止まらず，地元観光業者は危機感をつのらせ，政府に砂防工事・防災対策の実施を働きかけた．マスコミも「自然が荒らす上高地」(朝日新聞，1979年8月23日) のような地形変化への無知をさらけ出した見出しで危機感をあおった．その結果，1980年代末から，梓川本流では建設省（現在は国土交通省，管轄は松本砂防事務所）によって帯工[*4]の建設，堤防の嵩上げ・新設が，支沢では林野庁森林管理署（旧営林署）によって砂防ダムの設置などがおこなわれた．それらの目的は，国立公園の施設集中地区（とくに河童橋周辺）を浸水から守るために，梓川の河床上昇を食い止めようとすることである．上高地で問題になっている河床上昇は，支谷から供給され，梓川本流の谷底を埋積しながら流下する土砂によってもたらされる（第1章参照）．したがって，ここからはまず支谷で，次に本流谷底（氾濫源）で，実際にどのような工事がおこなわれ，その結果，何がおこったのかをみてゆこう．

支谷での砂防ダム

1) 逆効果の砂防ダム

　大正池から横尾までの梓川沿いでは，支流から流出する土砂は，支流出口の沖積錐に大部分が堆積する（第2章参照）．自然状態では，土石流は，沖積錐上に広がったり，発生ごとに流路をシフトさせたりして，沖積錐上で停止し，土砂が本流に直接流出することは少ない．つまり，支谷出口の沖積錐は天然の土砂トラップとなっている．このために，上高地の河原には巨岩がなく径のそろった円礫がきれいな河原をつくっている．沖積錐上を流下する土石流は，部分的に森林を破壊したりもする

が，破壊された森林はやがて更新する（3章・4章参照）．

　河童橋から上流部の支谷は森林管理署の管理下にある．支谷からの土砂流出を止めるために，森林管理署は支谷につぎつぎに小規模な砂防ダムを建設した．その多くは出口の沖積錐の上に建設された．これらのダムは建設された直後に，すぐに土砂でいっぱいになった．満杯になった砂防ダムも，一時的な砂礫の堆積場所を提供し，河床勾配を緩くするので土砂流出を緩和するという役目をはたしている．

　上高地の支谷につくられたこれらの砂防ダムは，一般的な砂防ダムの例にならって，袖（両端の高い部分）付きで，洪水流や土石流が河床の中央部に集中するように造られている．これらの，沖積錐上につくられた連続する袖付きダムによって，土石流は流路を固定され，ダム設置前のように沖積錐上に広がったり，流路がシフトしたりすることはなくなる．その結果，土石流はおなじ流路を繰り返し流下し，ダム設置前には本流に達していなかった土石流が本流に到達するようになる．1990年代はじめからの私たちの観察では，六百沢や下白沢では，砂防ダム建設以後，登山道まで達する土石流の回数が増加している．支沢の沖積錐上に建設された砂防ダムは，一時的には本流への流出土砂を減らすし，流路シフトによる沖積錐上の森林の破壊も防ぐが，長期的にみると本流に流出する土砂量を増加させ，本流の河床の粒径を大きくする．このように，支沢の砂防ダムは，土石流の流路を固定することによって，本流への供給土砂量を増し，結果的に下流の河床上昇を加速している．

2）白沢と徳沢の沖積錐での護岸工の影響

　白沢と徳沢の沖積錐は面積が大きく傾斜が緩く扇状地的である．この二つには砂防ダムだけではなく，沖積錐を流下する流路沿いに護岸工が設置され，いっそうの流路の固定化が図られている．白沢の場合には徳本峠への登山道を守るため，徳沢の場合には沖積錐上の二つの山小屋を守るためという理由があるのだろう．ところで，この二つの沢では，最近10年間に大量の土砂が上流から供給され，沢の出口付近に土砂が厚く堆積している．とくに白沢で量が多く，毎年秋に重機で土砂を取り除いている．

　この土砂流出の原因は何かを踏査して調べた．どちらの沢でも最近の大きな崩壊はなく，集中的に谷壁から土砂が供給されている場所はな

い．白沢右岸支流の黒沢では1990年代前半に崩壊があったが，その跡は修復され，現在は土砂をほとんど排出していない．したがって，徳沢や白沢の土砂流出の原因は，毎年，谷壁斜面や支流から少しずつ排出される土砂が固定化された流路内に貯留され，それが降雨の度ごとに徐々に下流に運び出されていると考える他ない．固定化された流路での側方侵食による土砂も加わっているだろう．本来，沖積錐上に広くばらまかれるべき土砂が流路に集中的に堆積し排出されている．1970年代におこなわれた流路の固定化の影響がようやく出てきたといえよう．

本流での河川工事

1）河畔林を消滅させる堤防・護岸

　大正池から上流の上高地の谷には沖積錐の末端が侵食されて段丘化したわずかな事例をのぞくと，河岸段丘は存在しない．沖積錐の部分をのぞくと，谷幅一杯に平らな谷床（谷底）が広がっている．増水すると浸水する谷床を氾濫原といい，河原と，河畔林が生育する部分に分けられる．上高地では，多くの旅館・ホテルや山小屋が氾濫原に建てられている．梓川の増水による浸水を防ぐために，それらの場所，小梨平から下流，明神の両岸，徳沢，横尾には護岸や堤防が河原の縁に設けられている．それらは景観に配慮して蛇籠や布団籠[*5]でつくられている．それ以外の場所には，登山道を保護する目的の少数をのぞいては，堤防や護岸はない．つまり，梓川本流沿いの大部分はまだ自然のままの氾濫原の状態が保たれている．

　ところが，すでに堤防や護岸が形成された場所の内側（堤内地）では，洪水の影響を受けないために，河畔林の遷移が進みハルニレやウラジロモミの極相林に変わりつつあるのが観察される．また，堤内地の林内のギャップに生育した草本類は洪水時の土砂流入がないため草本のまま持続され森林への更新をさまたげる（第7章参照）．つまり，堤内地の植生は川の影響を受けないために自然状態とはかけ離れたものになりつつある．

　6月の上高地は新緑や残雪で美しく，ウェストン祭や音楽祭などの行事も多く，国土交通省が主催する砂防事業の宣伝活動「砂防フェスティ

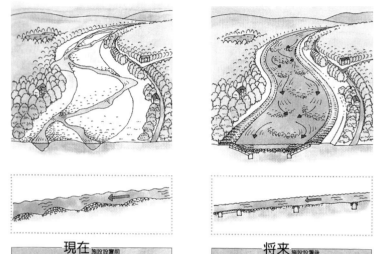

図9-1 現在:施設設置前(左)と将来:施設設置後(右)の梓川の景観の模式図.梓川本流の明神付近を念頭において描かれている.将来の梓川は,両岸に切れ目なく護岸が築かれ底には等間隔に床固め工が設置される(1990年代中頃に配布された建設省北陸地方建設局松本砂防工事事務所のパンフレット「未来(あす)へつたえよう私たちの上高地」発行年記載なし,原図はカラー)から.

バル」もおこなわれる.1990年代半ばのある年,砂防フェスティバルで配布されたパンフレットの絵をみて驚いた.そこには,梓川本流,明神付近の,現在と将来の景観図がならべて示されていた(図9-1).現在(施設設置前)の図では(口絵5,6,13)そのままのような,蛇行する梓川が岸辺の森林に侵入するさまが描かれているが,将来(施設設置後)の図では両岸に切れ目なく堤防・護岸が築かれ,川の水面は堤防・護岸の幅いっぱいに広がっている.川底には等間隔に帯工が設置されている.将来の梓川を完全な人工河川にする計画を国土交通省がもっていることが明らかになった.第4項で述べるように,もしこの計画が実施されたならば,上高地の河畔林は完全に消滅する.

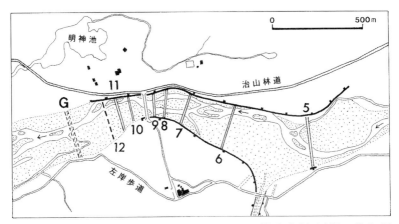

図9-2 明神附近の梓川本流に建設された帯工(床固めの一種)と計画中(破線)の帯工・堰堤の配置図(森, 1990および松本砂防工事事務所の資料による).

2) 本流の河原に設置された帯工群

　1980年代に建設省(現国土交通省)は上高地の河床上昇の原因を探るための調査をおこなった(建設省河川局, 1984). 地形調査によって支谷からの流出土砂量の見積りもおこなわれたが, その結果は無視され, 河童橋付近の河床上昇の原因は本流河道内の土砂の再移動にあると結論づけられた. なぜ, そう考えたのかという理由は述べられていない. おそらく, 建設省の守備範囲である本流の河原部分だけで完結させるために, そうせざるを得なかったのだろう.

　国土交通省は, 長年にわたって実施されてきた河床横断測量の結果(河原の侵食・堆積の傾向がわかる)と, 1983年に旧建設省土木研究所でおこなわれた縮尺1/100の水理模型による実験結果によって, 明神付近では河道の下方侵食がおこり, それが下流の河床を上昇させる土砂の供給源として重要だと考えた. それで, 松本砂防事務所は, 1989年から1994年にかけて下方侵食と河床礫の移動を防止するために, 明神に一連の帯工を建設し, 連続的な堤防(護岸工)も建設した. これまでに著者は, 明神の白沢との合流点の上流側と下流側に合計7基の帯工が設置されたのを確認している(図9-2).

　帯工の設置が終わった頃から, 毎年, 先に述べた白沢からの土砂が白

第9章　破壊される上高地の自然 —— 151

図9-3 明神の梓川本流の河原を掘りこんで建設中の第6号帯工．左岸側から撮影．背後左は明神岳．(1994年5月14日．撮影：岩田修二)．

沢と本流の出合から明神橋までの間に堆積するようになった．したがって，帯工が設置された区間は侵食傾向ではなく，堆積区間になり，帯工が砂礫移動の抑制に効果的に働いたとは思えない．むしろ，その設置工事が河原や河畔林の自然にさまざまな悪影響を与えているように思われる．第一には大規模な工事にともなう自然破壊である．図9-3に示したように河原は全幅にわたって深く掘りこまれ，植生も破壊された．食草を失ったクモマツマキチョウが棲息しなくなったという（昆野，1996）．さらに，1997年から明神橋の下流左岸側林内に土砂が流入し，植生が破壊された原因は，帯工工事によって大規模に土砂を移動させたために川に運搬される土砂量が増加したことと，工事中に河道が左岸側に固定されたことが原因と考えられている（島津，2000）．第二には梓川伏流水への影響である．流量が減少する冬季にはこのあたりの河水は伏流する（このことは帯工の冬季工事中に確かめた）．帯工は河床表面から深

さ 5 m までの地中の流れを堰き止めることになる．その伏流水への影響は計り知れない．第三には帯工が効果的に作用し砂礫の移動が止まったならば，図 9-1 の将来の断面図に示されたように，河道床の移動する砂礫堆が消滅し滑らかな形状になる．これは水生昆虫などの生息場所をなくし，その結果魚類の生育にも悪影響を与える．つまり河床の生態系が変わってしまうのである．もし図 9-1 の将来像のように梓川に連続的に帯工がつくられるならば，上高地の梓川はもはや自然の川とはいえなくなる．

3) 河原の利用によって荒廃する河道と河原

　堤防・護岸設置や帯工建設の他にも，上高地の河原ではさまざまな土木工事がおこなわれている．仮設橋・仮設道路の建設・補修や，暫定的な砂礫堤防建設，砂利採取などである．それらについて順に述べよう．

① 徳沢仮設橋 (徳沢橋)

　現在，上高地のホテル・旅館などの宿泊施設は，車両による物資の搬入なしには立ちゆかなくなっている．上流部の横尾や徳沢の宿泊施設も例外ではない．徳沢の施設に出入りする車両は，右岸の林道（治山工事資材運搬路）から，新村橋の下流約 300 m にある橋によって梓川を渡り左岸の歩道に入る．この橋は，梓川の河原に重機で砂礫を積み上げて土手状の堤防をつくり，川幅を絞って狭くし，そこに鉄製の橋梁をかけた仮設の橋である．徳沢橋と呼ばれている（図 9-4）．このような，砂礫を積み上げただけの堤防と取り付け道路は，梓川が大きく増水すると流失する．すると，再び河原の砂礫が重機でかき集められ，再建されることが繰り返されてきた．空中写真や建設省の地図によって明らかにした徳沢橋の歴史的変遷を表 9-1 に示した．仮設橋がはじめて設置されたのは 1974～77 年の間のいずれかの年である．その後，取り付け道路や橋梁の流出と掛け替えが，1978～83 年，1984～88 年の期間に少なくとも 2 回おこなわれたことが空中写真によって明らかになっている．その後，1994 年夏には，橋梁部分は流出を免れたが取り付け道路が流失した．このため，徳沢に汲み取り用バキュームカーが入れず，長野県が新設した（後に安曇村に移管）公衆便所が使用不能になり，徳沢キャンプ場利用者や登山者が不便を感じた．その後，仮設橋・取り付け道路を保護するために，以前より大きな砂礫堤防が流路の両側の上流・下流側に

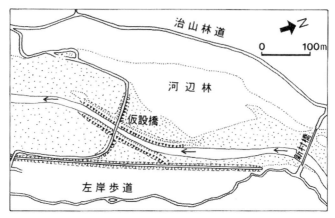

図9-4　1996年8月の徳沢橋(仮設橋)と新村橋．仮設橋橋梁の両側川ぞいに砂礫を積みあげた堤防が付属する．点を打った部分(河原)と河辺林と記入した河畔林が氾濫原．右岸の治山林道(治山工事資材運搬路)から仮設橋を渡って下流の徳沢方面と上流の横尾方面に乗用車や小型トラックが通行する．旧建設省の松本砂防事務所の地形図(1：1,000)と岩田・山本の現地でのマッピングから作成した(岩田・山本，1998)．

積み上げられた．2013年には19年ぶりに橋梁も取り付け道路も流出したが，すぐに復旧した．

　このような，広い河原を横切る形の取り付け道路は，川の流れを固定し狭く絞ることになり，川の流れに悪影響を与えていることが推定される．さらに，繰り返し積み上げられ侵食される人工の砂礫堤防や取り付け道路は，下流部に大量の砂礫を供給することになり，下流部の河床上昇の原因の一つと考えられる．

②奥又白谷出合から横尾までの仮設道路

　森林管理署が運営する横尾キャンプ場が1997年に出水で被害を受けた．そのため，森林管理署では横尾に重機で砂礫をかき寄せて仮設の堤防を建設した．その工事用車両の通行のために，本流右岸の治山林道を延長して，奥又白谷の出合から横尾までの仮設道路が梓川本流の河原につくられた．この仮設道路は，一部はすでにあった河畔林中の道路跡を使っているが，大部分は梓川の河原に砂礫を盛り上げてつくられ，乗用車も走れる立派なものとなった．流路の本流部分を渡河する部分には太

表9-1 徳沢上流の仮設橋，取り付け道路および周辺の人工構築物の歴史的変遷
（岩田・山本，1998に加筆）

時　期	仮設橋などの状況	情報源
1958年以前	徳沢園（山小屋）以外の人工構築物なし	空中写真58-10-17
1959～68年	右岸治山工事資材運搬路建設（工事年度：1964, 65, 67, 営林署資料）	空中写真68-09-20
1969～73年	新村橋設置 左岸新村橋下流側蛇篭護岸設置（工事年度：1963, 営林署資料）	空中写真73-10-10 空中写真73-10-10
1974～77年	仮設橋設置	空中写真77-09-18
1978～83年	取り付け道路流出，仮設橋掛け替え 左岸徳沢出会いまで蛇篭護岸設置（工事年度：1974, 75, 77, 営林署資料）	空中写真83-10-X 空中写真83-10-X
1984～88年	取り付け道路流出，仮設橋掛け替え	空中写真88-10-15 1：1,000建設省地形図
1990年10月	仮設橋・取り付け道路存在	ヘリコプターによる写真撮影
1994年？夏	取り付け道路流失	現地観察
1996～2012年	仮設橋・取り付け道路存在	現地観察
2013年夏	仮設橋，取り付け道路流出，仮設橋掛け替え	現地観察

いヒューム管をならべ，上に砂礫を載せた．この道路は，1998年には横尾の山小屋（横尾山荘）の浴室棟の増築工事にも用いられ，1999年と2000年には，環境省が設置した横尾の吊橋（横尾大橋）と公衆便所の建設にも用いられた．工事終了後もこの道路は維持されており，2000年秋にも車両が通行していた．なお，登山者がこの仮設道路を歩行するのは禁止されている．その後，この道路は，奥又白谷出合の渡河部分が流出し使われなくなっていたが，2010年からは，横尾山荘の改修工事のために再整備され，2015年には横尾の新トイレ建設工事に使われた．奥又白谷出合の本流を渡る部分にも鋼製の橋梁が設置され立派になった（図9-5）．横尾山荘は，この仮設道路ができる前は，徳沢の仮設橋から左岸に渡り，登山用の歩道に車を乗り入れていたが，現在はこの仮設道路を使っている．

この仮設道路によって横尾までの梓川の川沿いの景観は完全に破壊された．梓川左岸の横尾までの歩道では，以前は梓川の清流をながめなが

図 9-5 横尾への仮設道路の奥又白谷出合上流に建設されている仮設橋. 仮設とは思えないりっぱな橋. 橋梁を支えているのが布団籠 (2015 年 9 月, 撮影：岩田修二).

ら楽しい歩行ができたが，今は工事現場と等しい光景を眺めながら歩く味気ないものになってしまった．

　おなじような仮設道路は，小梨平の護岸工事 (1993 年), 環境省ビジターセンターの改築工事 (1999〜2000 年) でも梓川右岸治山林道の S 状ルンゼ付近から小梨平まで梓川の河原に建設された．これらは工事終了後に撤去されたが，横尾への道路は撤去されない．

③明神と徳沢の間の河原での玉石採取

　2000 年 10 月に明神と徳沢の間の梓川の河原で，大規模な河床の掘削と礫 (砂利) の採取がおこなわれているのを発見した．2 台の重機が河原の広い範囲を掘りこんで円礫 (土木では玉石と呼ばれる) を採取した．作業内容は，ⅰ) 主流路を左岸側へ付け替えた．ⅱ) ピット状もしくはトレンチ状の掘削がおこなわれ砂礫が掘りあげられた．掘削場所は順に移り，河原の広い範囲におよんだ．ⅲ) 篩 (ふるい) 状のバケット (スケルトン＝バケット) で円礫が選別された (バケットを揺するときに激しい騒音をともなった)．ⅳ) ダンプトラックで円礫が搬出された．ⅴ) 残った砂礫によって埋め戻された．ⅵ) 残った大きすぎる礫が集積され一部が搬出された (行く先不明)．この一連の作業は森林管理署の治山

図9-6 2000年10月に明神—徳沢間の河原でおこなわれた玉石（砂利）採取の現場（2000年10月8日，ヘリコプターから撮影：高岡貞夫）．数字5をかこむ線の内側が破壊された部分．○と数字・記号は測量用標識の位置．ケショウヤナギの樹冠が黒く写り，上部左半分に治山林道がみえる．

事業の一部で，作業の主目的は白沢の流路工に設置される蛇籠に詰めるための玉石の採取であった．工事中の現地での観察，ヘリコプターから撮影した写真（図9-6）の判読，11月3日の観察と地図へのプロットから，この作業による自然破壊の状況が明らかになった（岩田，2001）．これらの作業によって，攪乱を受けた河原の面積は少なくとも$8,952\,\mathrm{m}^2$，掘削の平均の深さは少なくとも1mである．11月に現地に出かけたときには作業は終了しており，河床表面は平坦にならされていたが，掘られた部分は，玉石を採った残りの細粒物質で埋め立てられたらしく，軟弱で，歩くと足首まで沈み込む部分があった．表面の礫は大幅に減少していた．このことによって，砂礫の河原に通常みられる，表面に大きな礫が集中する構造が破壊され，河床物質が流出しやすくなった．ケショウヤナギ群落などの植生は完全に一掃された．そのなかには，図9-6中の5の下方（写真の灰色部分）に生育していたケショウヤナギの幼樹群落（2〜3年生）も含まれている．これは，その成長過程が記録されていたものであった．

第9章　破壊される上高地の自然

④仮設堤防

　上高地を歩いていると，毎年，河原のどこかでパワーショベルが河道（川底）や河原の砂礫を掘りあげ堤防状に積み上げているのをみかける．建設工事がおこなわれているときには，現場に工事の種類や期間，施工者，認可官庁などが列挙された看板が設置されているのがふつうだが，そういうものもなく，近くの旅館や山小屋で聞いても要領を得ない．河岸の侵食防止と河道の浚渫を兼ねた目的でおこなわれるらしいが，仮設道路建設や河原での土砂採取と同じように，河道・河原の生態系の破壊と下流の河床上昇を加速させていることはまちがいない．

⑤河原での工事の影響と問題点

　このような河原での工事や作業にともなう自然破壊は，これまでもいろいろな場所で繰り返し行われていた．上記の他にも六百沢と明神の工事用仮設橋などもあった．徳沢と明神の広い河原にも縦横無尽に重機のキャタピラの跡が残っている（上高地自然史研究会，1995付図他）．このような河原での工事の影響や問題点は次のように整理できよう．

　ⅰ）先駆植生の破壊．無数の先駆植物群落が破壊され消滅したはずである．しかし，それらはまったく記録されていない．高さ10〜20 cmのケショウヤナギの幼樹群落は，作業を指示した者にとっては取るに足りない雑草のようにみえたかもしれない．しかし，先駆植物であるケショウヤナギは，このような幼樹群落が成長しなければ世代交代できない．これは，建設省の報告書でも認められている（建設省北陸地方建設局松本砂防工事事務所，1995）．大きく成長した群落だけを残し，こうした幼樹群落を破壊し続ければ，ケショウヤナギ群落は上高地から姿を消す．ⅱ）水生昆虫・魚類などへの影響．流路の改変によってもっとも強く影響を受けると思われる藻類や，水生昆虫，イワナなどの魚類の実態はほとんど調査されていない．ⅲ）河原の砂礫堆積構造の破壊．河原の砂礫層の表面にある粗流の礫の集積する構造が破壊されると，増水時の侵食を加速し下流への土砂移動を増加させる．ⅳ）人為的砂礫集積（人工堤防など）による土砂流出の加速．砂礫を積み重ねただけの仮設道路や仮の堤防は，数年ごとにおこる大きな出水時に容易に侵食され，砂礫は流出し下流に運搬され堆積する．

　これらの河原での攪乱は，自然のままでは安定化している（平衡状態

の）河道や河原に不必要な起伏をもたらし，増水時の侵食を加速する．上高地の観光利用と防災にとっての最大の問題点は河童橋附近での河床上昇であると主張され，それを防止するために多額の税金を投入し，多くの工事がおこなわれてきた．しかし，実際には，これらの工事やその結果が下流の河床上昇を加速しているのである．

上高地の将来の姿

　上高地の谷は，完新世の1万年間を通じて，常に砂礫が堆積する環境にあった（第1章参照）．その河床上昇速度はゆっくりであった．最近，河床上昇がとくにめだつのは，ⅰ）河道を狭く固定したために，本来は氾濫原（谷底の沖積地）いっぱいに広く薄く堆積する土砂が，狭い範囲に集中的に堆積するようになったから（天井川化），ⅱ）支谷の砂防ダムによって流路を固定された支流の土石流が，砂礫を沖積錐全体に拡散・堆積させることなく，直接本流に運ばれるから（支沢出口の土砂トラップの無効化），ⅲ）そして，河原で仮設橋・仮設道路や仮設堤防の工事が繰り返されるから（河原の安定状態の人為的擾乱）である．このままでは明神付近や小梨平から下流での河床は上昇を続けるであろう．

　河道・河原の砂礫移動を止めるという名目の帯工は，河道床の起伏を変化に乏しいものに変え，河原の面積を減少させる．これは河原に散布されるヤナギ類の種子の発芽や生育に大きな制約になる．帯工に付帯する堤防・護岸，あるいは浸水防止のための堤防は，増水時に氾濫原の河畔林内への土砂の流入を妨げ河畔林の存続・維持・再生を妨げる．逆に林内に安定した環境をつくり出し，河畔林を極相林に遷移させる．これらは渓流と氾濫源の生態系を破壊するものである．

　梓川に連続的に堤防と帯工を設置するという国土交通省の計画がそのまま進めば，梓川は，人工河川に変わり，水生昆虫や魚類は減少し，河畔林の面積も激減し，とくにケショウヤナギは，50年も経たないうちに群落も孤立木も消滅してしまうだろう．上高地のもっとも貴重な財産の一つが失われてしまうのである．

上高地の河畔林を守るための具体的対策

　上高地自然史研究会では，1990年代のはじめから，上高地の自然の変化や人為的な改変のモニターと，自然の変化過程の研究をおこなってきた．その成果はほぼ隔年で刊行されている「上高地自然史研究会報告書」で発表し，その結果に基づいて上高地の環境の危機を各方面に訴えてきた（岩田，1997，1999，2007；島津，2003，2005；島津・岩田，2008他）．しかし，事態はいっこうに改善されない．これまでに述べたことの繰り返しも多く含まれるが，上高地梓川の自然を守るための方法を再度示したい．

1）工事や施設への具体的な対応
①支谷の沖積錐上の砂防ダムと護岸・堤防

　支谷の沖積錐の上に設置された袖付きのダムは撤去するか，撤去が難しければ袖の部分を削除する．とにかく支谷に砂防ダムをこれ以上設置することは絶対に避けなければならない．出水時や土石流発生時への対策は，砂防ダム設置ではなく，登山道・歩道を，沖積錐を横切る長さを短くするため扇頂部分を通過するようにし，流路を横切る部分には高床式の歩道（金属メッシュ・ウォーク：渡辺，2008）を設置すればよい．

　白沢や徳沢の大型の沖積錐では護岸・堤防を撤去する．沖積錐の中流部で土石流や洪水流が広がるようにして，絞られた固定流路での堆積や本流への土砂の流出を防ぐ．沖積錐上にある施設は移転かかさ上げ工事をすることが望ましいが，それが難しければ施設の上流側に導流堤や防護堤をつくる．

②帯工と護岸・堤防への対応

　明神から徳沢までの間の帯工と護岸はすでに設置されてしまったが，図9-1に描かれたような，上高地の梓川全域に連続的な堤防と帯工を設置する国土交通省の計画は，絶対に阻止しなければならない．計画が実施されれば，すでに述べたように河畔林の全面的な消滅をもたらす．国の機関が，国自体が決めた特別保護地区，特別天然記念物の自然を破壊する計画をもっているとは信じがたい．もし将来，河童橋や小梨平で梓川の氾濫によって災害がおこるようなことがあれば（可能性は大きい），軽度であれ，地元や観光業界から砂防や災害防止工事の要求が出てくる

であろう．そうなれば，現在の自然公園法の運用では，そして国交省や林野庁の頭の切り替えがなければ，特別保護地区内といえども防災工事を阻止することは難しい．そのような事態を招かないためには，次のような対応が必要であると考える．

ⅰ）これ以上の工事をおこなえば，上高地の河畔林が失われるということを広く宣伝する．ⅱ）河川工事をしなくてもすむように，災害が発生することを前提にした上高地の防災計画と利用プランを検討する．それは，避難計画と災害緩和策の立案，災害危険度地図の作成，それによる土地利用ゾーニングの実施などである．ⅲ）環境省の国立公園管理の方針を自然保護中心に変えること．ⅳ）環境省が「植生のない河原も守るべき自然である」と認識すること．ⅴ）上高地の管理体制を環境省に一本化すること．少なくとも，上高地内の梓川本流と支流との管理体制を一本化すること．

これらのことは，従来からさんざん指摘されている．しかし，まったく変わらない．それを変えるためには，「変える努力の継続」が必要である．それにはどのようにすればいいのか．

数年前から上高地自然史研究会では，森林管理署の森林官と共に河畔林を守るためにはどうしたらよいかを考えてきた．説明会を開いたり，現地での見学会を共同で開催したりしてきた．その結果，図9-7で報道されたように，明神と徳沢の間の左岸の河畔林が，あらたに保護林に制定された．これは河畔林保護のための第一歩である．保護林に指定された河畔林を維持するためには，徳沢よりにある堤防や護岸を撤去しなければならない．それに伴って現在の登山道を山際の1960年代の位置に戻すことも必要になろう．

②仮設橋と仮設道路

仮設橋や仮設道路は撤去すべきである．そして横尾・徳沢の山小屋への車両乗り入れを全面的にやめる．その場合におこる，山小屋の経営の縮小や，利便性・快適性の悪化には利用者の我慢，経営者の理解が欠かせない．現状のような，旅館並の施設，自動販売機の設置などは特別保護地区内の山小屋にはふさわしくない．1960年代半ばには，横尾の小屋はリヤカーで物資を運んでいた．国立公園特別保護地区内での営業活動の制約を理解してもらうしかない．そのためにコストがかかり，それ

図9-7 上高地梓川沿いの氾濫原の河畔林を森林管理署（林野庁）が保護林に指定することを報じた2012年3月30日の信濃毎日新聞の記事．「ケショウヤナギが最も分布する明神から徳沢までの梓川左岸一帯42ヘクタールを保護林に新たに指定する．」と書かれている．

が料金に上乗せされることを利用者も納得しなければならない．

　しかし，徳沢や横尾の山小屋や公衆便所に関しては，トラックの乗り入れを前提とした営業や管理を認めざるを得ないという考えもあろう．その場合には，自然に悪影響を与える現在の仮設橋や仮設道路は速やかに撤去し，別ルートから車両を入れるという選択を次善の策として決断せざるを得ないかもしれない．その場合，現在の徳沢仮設橋の替わりに新村橋（吊り橋）の掛け替えをおこなって2トン車が通過可能程度の吊り橋にすることが考えられる．現在の橋と同じような吊り橋にすれば河床を傷つけることはない．新村橋から徳沢と横尾までは現在の歩道を改良して車両の通行も可能にする．

③河原での砂礫採取，仮設土砂堤防，重機の通行

　これらは全面的に禁止すべきである．どうしても必要な工事は，現在のような暗黙の了解のようなものではなく，環境省がきちんと許可を出した上で工事をおこない，終了後の撤収作業，自然破壊がなかったかどうかの検証などをきちんとおこなうべきである．

2）上高地の河畔林保護から日本の自然保護に

　日本は，国土の約 60％が森林に覆われ，世界的にも自然が豊富に残されている国とされるが，その自然の多くは人手が加わった人工の自然である．そのなかにあって，国民の合意のもとに，天然の自然を保存するときめられた場所が，国立公園特別保護地区・特別名勝特別天然記念物の上高地である．上高地の自然のすばらしさは，河童橋からみた穂高連峰の風景だけにあるのではない．梓川沿いの生態系そのものが日本では他にはない貴重な自然，河畔林なのだ．このケショウヤナギをふくむ河畔林生態系が，極東ロシアの奥地ではなく国立公園の誰でも歩ける場所にあることは日本の誇りである．

　上高地の自然は，自然公園法によって守られているとはいえ，防災のための自然破壊が環境大臣によって許可される．つまり国土交通省や林野庁によって自然が破壊されるのを環境省が阻止できない現状がある．現在の自然公園法や縦割り行政の仕組みでは，国立公園の管理がすべて国立公園局に一本化されているアメリカなどとちがって，理想的な自然保護はあきらめざるを得ないという声もある．しかし，いろいろ問題がある法律や，行政の体制を変えることができるのは，私たち市民の活動だけであるということは，これまで，さまざまな自然保護運動で証明されてきた．

　上高地においてすら，どんどん人工改変が進む状況では，他の国立公園や自然保護地区では事態はさらに憂慮される状態であろう．やがて日本の自然公園の貴重な自然はすべて失われる．これは国民的損失である．これらの自然を，私たちは子孫に残さねばならない．たかが，河畔林と軽んじてはいけないのだ．上高地のケショウヤナギ群落は，それじたいが日本の自然保護行政の象徴になっているのである．

注

- ＊1 特別保護地区：自然公園法第十四条によって定められた，現状維持を原則とする保護地域．落葉・落枝の採取すら規制を受ける，厳格な管理がおこなわれる．
- ＊2 砂防ダム：山脚固定・侵食防止・土砂調節・土石流対策などのために設置されるダム（堰堤）．国交省が設置するものを砂防ダム，林野庁が設置するものを治山ダムとする役所の区分もあるが，砂防学・河川工学ではいずれも砂防ダムである．通常は水流のない谷に設けられる小規模なものは谷止工・落差工と呼ばれる．
- ＊3 流路工：流路を整正し侵食を防止する護岸・床固工・水制・舗装水路（俗称三面張り）などのこと．
- ＊4 帯工（river bed gindle または bed sill）：河床の砂礫の移動を固定し，河床の下方侵食を防止する床固工のうち，落差のないもののこと．流向に直交するように河床に埋め込まれる帯状の構造物．横工ともいう．
- ＊5 蛇籠や布団籠：蛇籠とは，鉄線や，竹，藤蔓などを長い筒状に編み，中に河原石や砕石を詰めたもので，形が蛇に似ている．布団籠は箱状のもの（図9-5参照）．川岸に並べたり積み重ねたりして護岸や堤防とする．

文献

岩田修二 1997．『山とつきあう　自然環境とのつきあい方』1，岩波書店，139pp．

岩田修二 1999．人工改変のすすむ上高地の自然─．山岳，94：A41-A58，日本山岳会．

岩田修二 2001．破壊される上高地の河原．科学，71：862-865．

岩田修二 2007．国立公園特別保護地区上高地の未来像─ケショウヤナギ群落消滅の危機．町田 洋・岩田修二・小野 昭（編）『地球史の現代と近未来─自然と人類の共存のために』211-233．東京大学出版会．

岩田修二・山本信雄 1998．徳沢仮設橋の変遷．上高地自然史研究会編『上高地梓川の地形変化，土砂移動，水環境と植生の動態に関する研究』上高地自然史研究会研究成果報告書，4号：83-86．

加藤則芳 2006．日本の国立公園．ナショナルジオグラフィック日本版　12巻10号：124-129．

上高地自然史研究会 1995．付図1．上高地自然史研究会編『上高地梓川の河床地形変化とケショウヤナギ群落の生態学的研究図表報告書』上高地自然史研究会研究成果報告書，1号．

建設省北陸地方建設局松本砂防工事事務所 1995．『上高地梓川河畔林保全に関する基礎調査』建設省北陸地方建設局松本砂防工事事務所．

建設省河川局 1984．上高地地域保全整備計画調査　砂防計画調査．建設省河川局．

昆野安彦 1996．上高地の砂防・護岸工事と生態系への影響─クモマツマキチョウとの関係で．山と渓谷　729号（1996．4）：187-190．

島津 弘 2000．梓川上流，上高地明神橋下における氾濫原の微地形形成プロセス．地球環境研究，2：78-91．

島津 弘 2003．自然史研究から自然保護へのアプローチ──上高地自然史研究会の取

り組み．伊藤達也・淺野敏久編『環境問題の現場から――地理学的アプローチ』164-181，古今書院．

島津 弘 2005．川は自然の生き証人―上高地梓川の二百万年史―．『河川文化　河川文化を語る会講演集〈その18〉：7-87，日本河川協会．

島津 弘・岩田修二 2008．自然の変化を無視した国立公園管理の未来像．山岳，103：A47-A67，日本山岳会．

森 俊勇 1990．環境を配慮した砂防工事（上高地）．第22回砂防学会シンポジウム実行委員会（編）『第22回砂防学会シンポジウム講演集　環境と砂防』53-76，砂防学会．

渡辺悌二 2008．金属メッシュ・ウォーク工法．渡辺悌二編『登山道の保全と管理』157-162．古今書院．

コラム4

ゴミ拾いのアルバイト

山本信雄

　今ではとても信じられないが，1970年代後半から1980年代前半にかけて，上高地や周辺の山やまはゴミだらけだった．それで学生アルバイトによるゴミ拾いがおこなわれた．下の引用は故山本信雄（元上高地ビジターセンター，松本市安曇資料館，上高地自然史研究会事務局長）が書き残した当時の記録である（岩田修二）．

　「上高地のアルバイトは，環境庁（当時）のもとで，上高地でゴミ拾いや自然観察会などをする学生アルバイトであつた．大学・学部はさまざまであった．総勢約20人が，ほぼ一ヶ月半，小梨平を拠点に集団生活をした．仕事の内容は，山でのゴミ拾い，上高地の中心部（河童橋を中心とする谷底部）でのゴミ拾い，上高地ビジターセンター（当時は『上高地自然教室』）が主催する自然観察会でのガイドが中心であった．その他にも，国立公園管理に関わるさまざまな業務（歩道の穴埋めなど）や上高地マイカー規制中の交通整理など，いろいろな仕事をした．
　中心になったのは山でのゴミ拾いである．行き先は，焼岳―奥穂高岳―槍ヶ岳―大天井岳―常念岳―蝶ヶ岳―徳本峠を結ぶ範囲内と燕岳で，乗鞍岳へ出向くこともあつた．
　3年目のアルバイト（3年バイト）がリーダーとなり，数人編成，数日の行程で山行に出た．鉄製の背負子に金網籠をくくりつけ，火ばさみを使ってゴミを拾いながら進む．満杯になると金網籠の口を閉じ，多いときは2袋，場合によっては3袋を背負う．1袋の重さは12〜15kgほどであったか．集めたゴミは要所要所にある山小屋で処理した．
　ゴミの重さに押しつぶされそうになり，腐った生ゴミから出る汁や空き缶にたまった汚水を浴びた．個人装備は雨具（かつて農作業などでよく使われた黒い雨合羽の上下）と山小屋で泊まるときに着るトレーナー1枚に限られた．汚れと汗にまみれた山行であった．しかし，アルバイトにとっては，山のゴミ拾いこそが誇り高い花形の仕事であった．
　仕事は，3年バイトを中心にアルバイト自身で計画した．毎晩3年バ

図　奥又白池で集めたゴミと学生アルバイト（1978年　写真提供：若林浩之）．

イトと2年バイトが集まり，山行計画，メンバーの割り振り，山行以外の仕事の受け持ちなどを相談した．それが終わると全員に翌日の予定を発表し，飲み会となる．毎晩毎晩飲むほか，一週間に一度の割合で，全員が上高地へ下りているときに火を焚き，歌を歌いながら酒を飲んだ．

　学生時代にこんな経験を2年3年と積み重ね，仕事も夜のつきあいも濃厚な毎日をすごしたことが，その後の人生に影響しないはずはない．

　アルバイト経験者には，夏のアルバイト期間後や，さらにはそれから何年も居候に来る者も多かった．居候は，ビジターセンターの毎日の掃除を手伝ったり雑用をこなしたりしたが，アルバイト期間中よりは気楽にすごすことができた．」(山本，2013)．

文献
山本信雄 2013．長岡信治と上高地．長岡信治遺稿集編刊行会編『長岡信治遺稿集』123-124．長崎大学教育学部．

コラム5

上高地のあゆみ──利用と自然保護の歴史をふり返る
山本信雄・目代邦康・若松伸彦

　古くより信濃と飛騨を結ぶ山中を越える道は，安房峠越えの道か徳本峠超えの上高地を通る道であった．そして，上高地は交通路である以上に，狩猟の場であり，山の幸を得る場であり，木材の伐採地であり，炭焼きの場であった．江戸時代になると松本藩が木材の伐採をおこない，役人小屋や常設の木樵小屋があったことが管理簿などの記録に残っている．明治に入ると，徳沢を中心とした場所に牧場がつくられた．このように上高地は，古くから松本藩を含めた周辺住民によって利用されており，他の地域の森林同様，生活の糧を得る場としての山，森であった．

　明治期になり，日本人が「登山」，「旅行」をおこなうようになり，その対象として上高地が注目を浴びるようになる．とくに昭和初期にはいると水力発電施設の建設工事に伴う自動車道路の開設，観光資源の「発見」，観光施設の設置や拡充，自然の営みへの人為的な介入の本格的な開始，第一次産業の活動の場としての利用の終焉など，観光地としての上高地を作りだす条件が整うようになる（山本，2014）．

　上高地は日本有数の自然美をもつ場所として有名になり，観光客が増えオーバーユース（過剰利用）が問題となっていった．それと同時に学者や行政機関などにより自然保護の網がかけられていった．その一方で，水力発電用のダム建設といった開発計画も立てられていく．これらの観光，保護，大規模開発という動きが，相互に影響を及ぼしあうなかで，上高地の自然は守られ，改変され，現在に至っている

　現在，上高地周辺は文化庁によって特別天然記念物と特別名勝に，環境省によって国立公園特別保護地区に指定されている．マイカー規制などは，日本国内では先進的におこなわれ，ビジターセンターや自然公園財団のインフォメーションセンター等も開設されている．上高地は，こうしたさまざまな取組みをおこないながら，山岳自然公園としての利用と保全のあり方を探っている場といえるだろう．そうした取組みがあるなかで，河川地形の改修など，現在も自然破壊は進んでおり，上高地の自然をどのようにして良好な状態で維持していくのか，行政，研究者，地域住民で共有されている保全，管理案はない．上高地は，尾瀬などとともに日本の自然保護の歴史を語るうえでも重要な地域であり，この地で

発生した利用と自然保護の歴史は，上高地の将来像を考えるうえで基礎となる情報になるであろう．なおこの年表は，上高地を美しくする会記念事業実行委員会（2013）の上高地関連年表をベースにし，引用文献として挙げた各文献に示されている出来事を追加し記述したものである．

上高地の利用と自然保護の歴史に関する年表

江戸時代	松本藩が伐採事業をおこなう．主として屋根板材と薪を伐り出し，梓川の水流を利用して搬出．
1828（文政11）年	念仏行者の播隆が槍ヶ岳に初登頂する．仏像を安置し，槍ヶ岳を開山．
1875（明治8）年	イギリス人のマーシャルが焼岳登山．
1877（明治10）年	イギリス人のウイリアム・ガウランドが外国人として初めて槍ヶ岳に登頂．「日本アルプス」という名称を最初に用いたのはガウランド．
1885（明治18）年	上高地牧場が開設．
	坂一太郎が地質調査のため北アルプスに入る．
1891（明治24）年	英国人宣教師ウォルター・ウェストンが初めて上高地に入る．
	農商務省により徳本峠越えの道が6尺幅の道に改良．
1893（明治26）年	陸地測量部の舘潔彦が一等三角点の選点のため，前穂高岳に登頂．
1896（明治29）年	ウェストンの著書「日本アルプスの登山と探検」がロンドンで出版．
1902（明治35）年	小島烏水，岡野金次郎が槍ヶ岳に登頂．
1903（明治36）年	上高地温泉株式会社創立（1930年に上高地温泉ホテルと改名）．
1907（明治40）年	焼岳の噴火活動がはじまる．
	小島烏水「上高地の上流」にて上高地の風景美を紹介．
1909（明治42）年	鵜殿正雄が，案内人の上條嘉門次らと穂高岳―槍ヶ岳を初縦走．
1910（明治43）年	河童橋，初めて吊り橋に架けかえられる．
1911（明治44）年	岩魚留小屋開設．
1912（大正元）年	岩魚留まで木材搬出用の軌道が敷かれる．
1914（大正3）年	現在の駐車場周辺に（翌年は小梨平に）カラマツが植林される．
	梓川上流（取水口上高地，放水口島々）の発電用水利権が梓川水電株式会社により出願．
1915（大正4）年	焼岳が大噴火し，泥流が梓川をせき止め，大正池が出現する（6月）．
1916（大正5）年	農商務省山林局の通達により，原生状態の保存，高山植物の保護を目的と上高地一帯の10,907 haが保護林（学術参考保護林）に指定され，禁伐となる．江戸時代から続いた木材伐採が終了．この当時の上高地への訪問者数は600人程度．
1918（大正7）年	アルプス館（現槍沢ロッジ）が開設．

1919（大正8）年	史蹟名勝天然紀念物保存法が公布.
	梓川水電の計画（ダム計画）が長野県により却下.
1921（大正10）年	京浜電力竜島発電所（奈川渡―橋場間）の建設が始まる．1923年に送電開始.
	内務省による国立公園指定地調査がおこなわれる．この当時の上高地への訪問者数は5,000人程度.
1923（大正12）年	梓川電力が上高地―霞沢間の水利権を得る.
	東京大林区署と松本小林区署による「風景保護と登山者の便利のための事業」が開始.
1924（大正13）年	京浜電力が上高地へのダム建設計画（堤体の高さ45 m，長さ600 m）を出願.
1925（大正14）年	奈川渡発電所完成.
	内務省衛生局保健課，日本庭園協会，日本山岳会，地元研究者により上高地電源開発計画反対運動．その後，県知事によりダム建設計画は不許可となる.
	長野県水産課が明神養魚場を設立．上高地でイワナ，ヤマメ，カワマス，ヒメマス，ブラウントラウトが放流される（1933年まで）.
1927（昭和2）年	「日本八景」選定．上高地が渓谷の部に選ばれる.
	京浜電力株式会社により霞沢発電所の大正池堰堤設置．この工事にともなって釜トンネルが建設される．これにより，上高地へのルートは，徳本峠越えから釜トンネルを経由する現在のものになる.
	内務省が天然紀念物調査を実施．国内で初めてケショウヤナギが発見.
1928（昭和3）年	上高地一帯の1万haが史蹟名勝天然紀念物保護法により，天然保護区として国の「名勝及天然紀念物」に指定.
	霞沢発電所運転開始（11月）．この年の上高地への訪問者数は15,000人程度.
1929（昭和4）年	この年ないしは翌年，河童橋掛け替え.
1930（昭和5）年	上高地郵便局開局．電報と電話の呼び出し事務を開始（7月）.
1931（昭和6）年	この年の上高地への訪問者数は149,000人程度.
1933（昭和8）年	大正池まで乗合バス運行（9月）.
	長野県の委託を受け，株式会社帝国ホテルが上高地ホテルの建設工事に着手．営業を開始（10月）.
1934（昭和9）年	白馬山，立山とともに中部山岳国立公園として国立公園に指定される（12月）．上高地牧場閉鎖.
1935（昭和10）年	河童橋まで乗合バスが運行．この年の上高地への訪問者数は169,000人程度.
1936（昭和11）年	上高地ホテルが上高地帝国ホテルと改称.
	国の直轄砂防事業により釜ヶ淵堰堤着工.
	「中部山岳国立公園安曇保勝会」設立.
1937（昭和12）年	日本山岳会がウェストンのレリーフを設置（8月）

1938（昭和13）年	中ノ湯-安房峠-平湯間の自動車道路が開通する．
1939（昭和14）年	長野県通常県会にて上高地ほか5地域での県営発電貯水池の建設を促進する意見書が可決． 梓川漁業組合がカワマスを放流． 1907（明治40）年から続いた焼岳の噴火活動が終息．
1940（昭和15）年	上高地に商用電源が引かれる．
1941（昭和16）年	長野県は「松本平西部大規模開墾計画」を樹立し水源施設として上高地ダムを計画し地質調査を実施．
1942（昭和17）年	安曇漁業会がイワナ，カワマスを放流（1948年まで）．
1944（昭和19）年	釜ヶ淵堰堤竣工（12月）．
1949（昭和24）年	ニジマス放流．1966年まで総計で52000尾．
1952（昭和27）年	「上高地」が国の特別名勝及び特別天然記念物に指定される（3月）．
1953（昭和28）年	中部山岳国立公園上高地地区に国立公園管理員（現自然保護官）配置．上高地の中心部が林野庁から厚生省に所管換えされる（1959年には徳沢も所管換えされる）．
1956（昭和31）年	長野県が上高地・明神池上流への多目的ダム建設を計画．上高地旅館組合，日本山岳会，国立公園協会などの反対によって計画は撤回．
1961（昭和36）年	カワマス放流．1971年まで6500尾/年． アマゴとヤマメ放流．1975年まで4800尾/年．
1962（昭和37）年	焼岳が噴火し，焼岳小屋が倒壊する（6月）．
1963（昭和38）年	「上高地を美しくする会」が発足（6月）．
1964（昭和39）年	安曇村が上高地に無加温のし尿処理施設を建設（7月竣工）．
1965（昭和40）年	安曇村がバスターミナルに上高地総合案内所を建設（6月竣工）．
1969（昭和44）年	安曇3ダム（稲核・水殿・奈川渡）が完成．この年，水没にともなう付替道路も完成し，上高地へのアクセスが飛躍的に改善．
1970（昭和45）年	厚生省の上高地自然教室（ビジターセンター）が開所（6月）． 奥飛観光開発株式会社の新穂高ロープウェイが開業（7月）．
1971（昭和46）年	環境庁発足．国立公園行政が厚生省から環境庁に移管（7月）． この年よりイワナ放流．7000尾/年．
1973（昭和48）年	乗鞍スカイラインが開通．
1975（昭和50）年	上高地マイカー規制がはじまる（夏季のみ．1977年には秋季，1982年には春季に拡大）． 大正池から上流部が禁漁区域となる．
1977（昭和52）年	東京電力株式会社による大正池の凌深が開始（10月）．
1979（昭和54）年	財団法人自然公園美化管理財団（2001年7月から自然公園財団）上高地支部が発足し，7月から駐車場で協力料の徴収を開始する．
1983（昭和58）年	財団法人自然公園美化管理財団の上高地美化センターが竣工（7月）．
1986（昭和61）年	環境庁（2001年1月から環境省）のパークボランティア制度が開始．

1990(平成2)年	財団法人自然公園美化管理財団の上高地公園活動ステーションが完成(10月).
1991(平成3)年	上高地自然史研究会が設立(2月).
1992(平成4)年	上高地特定環境保全公共下水道(上高地浄化センターと管渠)が完成(9月).
1995(平成7)年	上高地自然史研究会編「上高地梓川の河床地形変化とケショウヤナギ群落の生態学的研究図表報告書」発行(3月)
1996(平成8)年	上高地マイカー乗り入れ規制,通年規制.
1997(平成9)年	安房トンネルが開通.国道158号が通年通行可能(12月).
1998(平成10)年	上高地周辺で群発地震が発生(8月7日から約1ヶ月間).
1999(平成11)年	上高地自然史研究会によりリーフレット「危機に直面する上高地の自然―人工改変のすすむ上高地」発行(4月). 旧釜トンネルの上高地側に設置されていた釜上洞門(ロックシェッド)の一部が大雨による土砂崩落で損壊(9月).
2001(平成13)年	環境省の上高地ビジターセンターが建て替えられ開館(10月).
2002(平成14)年	釜上トンネルが開通(8月).
2003(平成15)年	環境省のインフォメーションセンターが開所(4月). 乗鞍スカイラインマイカー乗り入れ規制.
2004(平成16)年	県道上高地公園線の観光バス規制が開始(32日間実施).
2005(平成17)年	安曇村が松本市に編入合併となり,上高地が松本市になる(4月). 上高地観光センターが完成(4月). 新釜トンネルが完成(7月).
2006(平成18)年	国土交通省松本砂防事務所より「上高地の素顔―自然環境との調和を目指す防災」発行.
2007(平成19)年	信州大学山岳科学総合研究所が上高地ステーションを開所(5月).
2008(平成20)年	明神地区と徳沢地区に商用電源の供給が開始(7月).
2011(平成23)年	旧上高地孵化場飼育池並びに物置がそれぞれ国登録有形文化財に指定さ(10月).
2013(平成25)年	環境省の沢渡ナショナルパークゲートの通年運用が開始(4月).
2015(平成27)年	環境省長野自然環境事務所が「上高地ビジョン2014」を策定(7月). この年の上高地への訪問者数は1,277,800人程度.
2016(平成28)年	坂巻温泉での地熱発電所計画は,当初見込んだ熱量が得られないため断念.

文献

安曇村編 2005.『開村 130 年のあゆみ』安曇村.
上高地を美しくする会記念事業実行委員会 2013.『上高地の未来に』上高地を美しくする会.
上條　武 1997.『上高地 3 河童橋考』独木書房.
国土交通省松本砂防事務所 2006.『上高地の素顔—自然環境との調和を目指す防災』
小林寛義 1983.『上高地・乗鞍・美ヶ原地域及び伊那谷の国有林と地域社会の関係報告書Ⅲ経済地理』42-68, 長野営林局.
長野県観光部山岳高原観光課 2015. 平成 26 年観光地利用者統計調査結果.
布川欣一 1998. 近代登山パイオニア, 日本の山と外国人, 近大登山と山案内人.『人はなぜ山に登るのか』別冊太陽日本のこころ, 18-44.
村山研一 2008. 昭和初期の上高地—水力発電, 自然保護, 国立公園—. 地域ブランド研究 4：1-24.
村山研一 2011. 梓川の水資源開発と発電用水利権—大正期の上高地ダム建設問題—. 人文科学論集人間情報科学編（信州大学）45：109-133.
村山研一 2013. 戦中から戦後にかけての梓川上流の水利開発. 人文科学論集人間情報科学編（信州大学）47：93-114.
村串仁三郎 2009. 中部山岳国立公園内の上高地電源開発計画と反対運動—戦後後期の国立公園制度の整備・拡充（6）. 経済志林, 77：233-268.
山本信雄 2014. 上高地が国立公園になったころ. 地図中心, 502 号：4-5.
吉田利男 1978. イワナのゆくえ. 信州大学教養部自然保護講座編『続自然保護を考える』142-150, 共立出版.

第10章

上高地の未来を考える

目代邦康

はじめに

　上高地は，中部山岳国立公園の特別保護地区として自然公園法によって，さらに，特別名勝，特別天然記念物として文化財保護法によっても守られている．しかしながら，梓川の河床や周辺の山地斜面では，さまざまな人工改変がおこなわれ，自然の価値が低下している（第9章参照）．自然の保護を目的の一つとしている国立公園において，さらに多くの人がその自然の価値を認めている上高地において（図10-1），なぜこうした自然破壊問題が発生するのだろうか．そうした問いに答えるために，そもそも国立公園の制度とはどのようなものなのか，また自然を守るということはどのようなことなのか，どのような方法が良い自然の守り方なのかを考える必要がある．ここでは，国立公園成立の歴史をふり返り，国立公園の現代的な意味合いを考えたうえで，上高地の未来について考えたい．

図10-1
秋の紅葉シーズンの河童橋付近（2009年10月12日，撮影：若松伸彦）．この時期やお盆はとくに多くの観光客が訪れる．もっとも混むときはバスターミナルから河童橋までバス待ちをする人の行列ができる．

日本の国立公園制度の成立

　明治時代になると日本は近代化をすすめるため，政治，科学，産業技術など，さまざまな西洋文明を学び吸収していった．自然保護という考え方もその一つである．国立公園制度は，良好な自然環境を守るために，日本において内発的に生まれた制度ではなく，西洋文明を取り込んでいく過程のなかで，日本的な解釈を施しながらつくられていった制度である．

　1872年，アメリカ合衆国において「イエローストーン源流部付近の土地一画を公共の公園として保存するための法律：Act to set apart a certain Tract of Land lying near the Head-waters of the Yellowstone River as a Public Park」が可決され，世界最初の国立公園であるイエローストーン国立公園が誕生した．そこでは，「居住，入植，占有するものはすべて侵入者とみなされ，移動させられる．森林，地下資源，自然の奇物，奇観を損傷あるいは略奪から守り，自然状態で保存するための規則を設ける」といった事柄が示されている（片瀬，2007）．西部開拓により大規模な自然改変をすすめていくなかで，雄大な自然を，一部分だけでも原初の姿のまま残そうとしたのが，アメリカの国立公園制度である．そしてその管理の原則となる法律は，人為を排して良好な自然環境を守るという厳格なものであった．

　アメリカでの国立公園の誕生から50年ほどたった頃，日本において国立公園選定の動きが現れた．1923（大正12）年には，内務省衛生局による国立公園候補地の選定がおこなわれた．このときに，選定された場所は上高地の他，立山，白馬岳，富士，日光，大台原，阿蘇山，霧島など16ヶ所である．瀬戸内海をのぞけば，すでに観光地として存在していた火山周辺の温泉地や，雄大な景観が広がる登山の対象となる山岳地域であった．火山周辺の温泉地が選ばれたのは，それらの場所が名勝として広く認識されていたためである．一方，立山や白馬岳，上高地などの山岳地域が候補となったのは，注目に値する．

　1931（昭和6）年には国立公園法が制定され，「国立公園ノ選定ニ関スル方針」が策定された．ここでは，「同一風景型式ヲ代表シテ傑出セルコト」が国立公園になる条件とされている．その風景型式とは，評価対象とされる景観要素が「地形地貌ガ雄大ナルカ或ハ風景ガ変化ニ富ミ

テ美ナルコト」とあるように，おもに地形のことを示している．海岸，火山，山岳地域など，それぞれの地形景観のなかでもっとも優れているものが国立公園になるという考え方である．初期に指定された国立公園は，日本を代表する景観をもつ場所であった．

　1934（昭和9）年3月には瀬戸内海，雲仙，霧島が，その年の12月には，大雪山，阿寒，日光，中部山岳，阿蘇が指定された．さらに1936（昭和11）年2月には十和田，富士箱根，吉野熊野，大山が指定されている．上高地は，中部山岳に含まれている．この時期は，世界経済，国際政治が不安定な時期であった．1929年には世界恐慌が起こり，1931年には満洲事変が始まり，1933年には日本は国際連盟を脱退している．こうした時代に国立公園の制度が整えられていったが，そこには国の思惑があった．それは，国立公園を使って，外貨獲得のために外国人観光客を誘致しようというものである（田中，1981；村串，2005；加藤，2008）．

　以上のように，国立公園選定の動きが生まれてくる背景として，景観の見方に対しての国民の認識の転換があり，国には，そこで外貨獲得のための外国人観光客の誘致のための観光地整備をしようとする目的があった．この観光施策としての目的があるため，土地を保有する営造物公園ではなく，指定は容易ではあるが厳格な保護が難しい，すなわち開発が容易である地域制公園として公園整備がすすめられることとなった．このように日本の国立公園は，景観保護の対象であると同時に，観光の場として開発されることが，宿命づけられていたと言える．戦後，国立公園法が改正されて制定された自然公園法においても，第一条目的規定のなかで，自然公園は，「優れた自然の風景地を保護するとともに，その利用の増進を図ることにより，国民の保健，休養及び教化に資する」ものとされている．この基本的な考え方は，現代も変わっていない．

国立公園の現代的な意味と上高地の自然

　国立公園制度は，その場所が指定されることによって，開発行為を規制して局地的な自然環境を保護することを目的としている．国立公園にかぎらず，ナショナルトラストや天然記念物など，19世紀に世界的に成立した自然保護に関するしくみは，いずれも局地的な自然環境保護のた

めの制度である．

　第二次世界大戦後になると，環境の問題は，局地的なものだけでなく，地球規模の視点で捉えられるようになった．地球規模での人口の急速な増加と地下資源や生物資源の大量の利用，さらに工業化にともなう環境の悪化から，グローバルスケールで環境問題を捉え，その解決に向けて国際的に取組むようになった．生物学的な研究もすすみ，地球規模での生物多様性が認識され，そうした観点で自然環境が評価されるようになった．

　1960年代になると，いわゆる南北問題として先進国と発展途上国の経済格差とその是正について国際問題となっていった．1980年代には，持続可能な開発（sustainable development）という考えが生まれ，国際的な議論がすすむようになった．1992年の「環境と開発に関する国際連合会議」において宣言された「環境と開発に関するリオ宣言」では，この持続可能な開発がその中心概念となっている．生物の多様性の保全や生物多様性の構成要素の持続可能な利用，遺伝資源の利用から生ずる利益の公正かつ公平な配分を目的とした生物多様性条約は，この会議の成果である．

　環境の問題が局地的な地域の問題であるときには，個人個人の対応で問題の改善が図られることも可能であるが，地球規模の環境問題に対しては，個人の関与はかぎられる．しかしながら，個人の活動の総和として環境問題が引き起こされているため，個人は，各地域で，地球規模の環境問題を念頭に置きつつ，できる範囲の活動をし，問題解決の方向に動いていくこととなる．そうした考え方を端的に表したのが「Think Globally, Act Locally」という標語である．持続可能な開発とは，そもそも，現代的な経済開発に対しての代替案として誕生したものであり，さまざまな実践のなかからより良い方法を探っているのが現状である．そうした実践をおこなう場として，ラムサール条約の登録湿地や，世界自然遺産，UNESCOのMan and the Biosphere programmeのBiosphere Reserve（生物圏保存地域：日本の通称ユネスコエコパーク），ジオパーク，そして国立公園などの保護区（Protected Area）が位置づけられる．保護区は，比較的良好な自然環境が残されている場所で，その場所の経済的な発展を図りつつ，その自然環境を次世代に残す活動を実験的におこなうということになる．日本の国立公園は，2002（平成14）年の自然公園法改正において，国などの責務として「生物の多様性の確保」が追

加され,さらに 2009(平成 21)年の改正では目的規定に「生物多様性の保全に寄与する」という文言が追加され,生物多様性 (biodiversity) の保全の場としての機能が求められるようになっている.

上述のような国際的な議論のあるなかで,上高地では日本の縦割り行政のしくみのなかで,さまざまな自然改変がおこなわれており,生物多様性の保全が十分図られているとはいえない(第 9 章参照).さらに,上高地の持続可能な開発(管理)のあり方を検討する機関も設けられていない.上高地は,この本で述べられてきたように,さまざまな時空間スケールでの斜面変動,河川地形変化,植生変化が複雑に関連し合いながら景観をつくりだしている貴重な場所である.上高地の自然の価値の一つは,その自然のシステムが動的平衡を保ちながら維持されてきたことであるといえる.したがって,この地域で起こっている自然界の諸プロセスを科学的に正しく認識し,そのメカニズムとそれによりつくりだされる景観について,良好な状態に保てるよう適切な公園管理をおこなわなければならない.そうした体制をつくることが,上高地では必要であり,さらに,そのしくみを他の地域に発信することが求められている.

誰が上高地の自然を守るのか —順応的管理の提案

上高地の自然は,誰が守るべきなのであろうか.本章の冒頭で述べたように,上高地には,さまざま制度で自然保護の網がかけられているため,それぞれの規則に則って,行政組織が公園管理をすすめればよいはずである.しかしながら,実際にはさまざまな問題が発生している.こうした問題が起こるのは,現在の制度に問題があるからと考えざるをえない.それではどこに問題があるのであろうか.

上高地自然史研究会では,地元の陳情によって設置されることになった梓川の護岸に対して,1995 年にその設置の中止を求める要望書を提出している.それとともに,地元「安曇村」との話し合いをおこなった(島津,2003).この地元との話し合いでは,双方が納得するかたちでの結論は得られず,結果的に護岸はつくられることとなった.研究者グループである上高地自然史研究会が提案したのは,研究成果にもとづく,上高地の自然の価値を損なわない公園管理の方法であった.これ

は，良好な自然環境の保全という意味において公益性のある提案といえる．しかしながら，それは，地域（地元，とくに観光業者）の利益には反すると判断され，同意が得られなかった．地元の判断の根拠は今となっては不明であるが，この一連のやりとりから，科学的知見の価値が認められなかったのは，上高地の自然のシステムに対して一般の人の関心が低く，それが理解されていなかったためであった．また，地元の土木工事事業に対して，異議を唱える研究者あるいは自然保護団体は，部外者でしかなく，意志決定に関与できないという状況もはっきりした．

　こうした，管理の方法は，短期的にみれば意志決定をすみやかにおこなうことができる公園管理者にとっては都合のよい方法であるが，複雑な自然のしくみをもち，多様な人々の多様な価値観によって評価されている自然公園の管理方法としては良い方法とはいえない．これまで，こうした管理者にとって都合のよい意志決定方式が，地域の自然環境保全の施策において，多くの失敗を繰り返してきた．そうならないようにするためには，地域住民，行政，研究者をはじめとする多様な利害関係者が，地域からの発想とともに科学的な知見にもとづいて，十分な議論をしたうえでその施策の是非を判断し，さらに実施した場合には，その成果を事業実施後に評価し，次回からの施策に活かすというしくみを整える必要がある．このようなかたちをとることで，将来予測が難しい自然環境の変動について柔軟に対応することができ，また，多くの人の合意が得られた管理方法をつくりだすことができる．こうした方法は，順応的管理（adaptive management）と呼ばれ，さまざまな地域で取り組みがおこなわれている（松田，2008）．

　自然環境の順応的管理をおこなううえで，中心となるのはその地域の生態系であり，その管理方法は，生態系管理（ecosystem management）のあり方として各地で議論されている．これは，地域の生態系全体を視野にいれ，その保全をおこなうものであり，旧来の特定の種を保護する自然保護活動などよりも，地域の自然環境の保全には，より効果的な管理方法であるといえる．しかし，上高地では，生態系管理とともに非生物環境（地学的環境）の変動の把握が，災害対策や公園管理の観点から重要であり，非生物環境の評価にも重きを置く，より包括的な観点が必要となる．上高地での研究成果を踏まえると山地斜面―河川―

生物という系の地生態系管理（geoecosystem management）の観点が重要である．

順応的管理の実際と課題

　順応的管理によって自然公園を管理する取組みは，たとえば，釧路湿原国立公園における湿原の再生事業（中村ほか，2003；渡辺・深町，2015）や，知床世界自然遺産の海洋資源管理（Matsuda et al., 2009）など，日本各地で数多くおこなわれている．

　たとえば，釧路湿原においては，農地開発や樹林化，周辺地域の土地利用変化によって，湿原面積の減少，環境悪化，生物多様性の低下という問題が起こっていた．そうした問題を解決するため，2003年より国や地方自治体，民間団体等が関わり，順応的管理を基礎とする自然再生事業がおこなわれた．事業では，はじめに生物の分布状況や物質移動の状態，人間の土地利用等についての調査がおこなわれ，問題点が精査された．問題の一つである樹林化は，直線化された河道周辺における湿原内への土砂や栄養塩の流入が原因であることが判明した．そして，上述の問題解決のため，直線河道を蛇行する河川に復元し，湿原環境の回復をおこなう事業計画がたてられた．5年かけて，旧河道の掘削や通水，直線河道埋め戻しがおこなわれ，工事とともに，自然環境の変化についてのモニタリングもおこなわれた．モニタリングで得られたデータにより，事業の有用性や問題点が点検され，その結果に基づいて，目標や事業内容の見直しがおこなわれ10年以上にわたる事業がすすめられていった（渡辺・深町，2015）．

　こうした順応的管理においては，多様な主体によって議論がすすめられるため，実際におこなわれる自然の管理方法が，データ分析に基づく科学的判断による方法と異なることがある．たとえば，2007年に開始された宍道湖の自然再生事業においては，消波工を設置し湖岸にヨシを植栽する事業がおこなわれてきた（國井，2010）．ヨシを植栽することにより，水質を浄化し水生動植物相を豊かにしようという意図であった．これに対し，小室・山室（2013）は，空中写真を用いて1940年代の水草群落分布範囲を明らかにし，かつてのヨシの分布は限定的であることを明

らかにし，ヨシが生育していなかった場所に広くヨシの植栽がおこなわれている問題点を指摘した．宍道湖の自然再生事業における，順応的管理が機能するのであれば，人工的に作り出されたヨシ原に対し，今後何らかのかたちで対策がとられ，環境は改善されていくことになるだろう．

　上高地自然史研究会のこれまでの成果は，山地斜面や谷底での斜面プロセス，土砂移動の実態の解明や，山地斜面の植生や梓川谷底の植生の動態，そしてそれらの関係性など，きわめて変動性の高い自然現象の実態を明らかにしてきた．こうしたデータこそが，順応的管理には必要不可欠である．上高地自然史研究会をはじめとする，上高地をフィールドとする研究者は，今後も継続的に調査をおこない，恒常的に変動している上高地の自然環境の姿の理解を深めていき，そのデータをあらゆる人々に提供していく必要がある．また，公園管理者は，より多様な主体が公園管理に関われるようなしくみづくりと，事業実施後の効果の評価やそれにもとづいた計画の改善を図る必要がある．これらが実際の動きになり機能すれば，日本国民，人類共通の財産である上高地の自然は良好な状態で保たれていくであろう．

文献

片瀬葉香 2007．アメリカのツーリズムに関する歴史的考察―国立公園法の成立とその背景．ソシオサイエンス 13：263-271．

國井秀伸 2010．宍道湖・中海の自然再生事業の現状と課題．日本生態学会編『自然再生ハンドブック』地人書館，89-96．

加藤峰夫 2008．『国立公園の法と制度』古今書院．

中村太士・中村隆俊・渡辺 修・山田浩之・仲川泰則・金子正美・吉村暢彦・渡辺綱男 2003．釧路湿原の現状と自然再生事業の概要．保全生態学研究 8：129-143．

小室 隆・山室真澄 2013．1940 年代に撮影された米軍空中写真を用いた宍道湖における水草群落分布範囲の推定．応用生態工学 16：51-59．

松田裕之 2008．『生態リスク学入門―予防的順応管理』共立出版．

島津 弘．2003．自然史研究から自然保護へのアプローチ―上高地自然史研究会の取り組み．伊藤達也・淺野敏久『環境問題の現場から―地理学的アプローチ』古今書院．164-181．

田中正大 1981．『日本の自然公園』相模書房．

村串仁三郎 2005．『国立公園成立史の研究―開発と自然保護の確執を中心に』法政大学出版局．

渡辺綱男・深町加津枝 2015．釧路湿原自然再生事業における順応的管理及び地域連携の検証．ランドスケープ研究 78，549-554．

おわりに

　ここまで本書をお読みくださった方々には，上高地の自然が，地形変化や群落遷移の結果，つまり，変化することによって維持されているというしくみをご理解いただけたと思う．本書の目的は，これまで，論文，学会発表や報告書などで上高地自然史研究会のメンバーが個々に発表していた研究成果を「上高地の自然のしくみ」として一冊の本にまとめ上げることであった．上高地自然史研究会のこれまでの研究成果は膨大であり，読者に上高地の自然の全体像を知ってもらうための内容選定にはコラムも含めて苦労した．そのため，少し毛色は異なるものの，上高地の自然を語る上では欠かせないニホンザルの生態についての章を加えることになった．また，おおむね原稿が出そろった後に，上高地の未来を考えるうえで国立公園としての上高地の評価をする必要性を感じ，急遽，第10章を加えた．さらに，本文で書かれていない内容をコラムとして増やすなど最後まで構成の変更が続いた．惜しいことに内容は良くても難しすぎるもので，掲載できない原稿もあった点は残念である．

　上高地自然史研究会は，夏と秋に一週間程度の共同調査，冬の成果報告会を軸に，25年間継続して研究活動をおこなってきた．本研究会の最大の特色は，植物生態学や動物生態学，地形学，地質学，水文学，人文地理学，観光学など，さまざまな分野の研究者が一定の期間，一緒に合宿して調査をおこない現地で討論してきたことである．さらに，その成果の中には卒業論文，修士論文，博士論文として結実したものもあり，研究交流と教育の場としても機能してきたことである．昨年までの参加者は25大学の400人以上に上っており，その約8割が学生と大学院生であった．

　このように上高地自然史研究会が長年調査を継続できたのは，調査の意義を理解し，ご援助をいただいた多くの機関・団体・個人のおかげである．なかでも，環境省上高地自然保護官事務所，文化庁，中信森林管理署，国土交通省松本砂防事務所，同神通川水系砂防工事事務所，長野

県松本工事事務所，旧安曇村（現松本市），安曇漁業共同組合，信州大学山岳科学総合研究所，自然公園財団，上高地ビジターセンター，上高地公園活動ステーション，東邦航空，故宮本康博氏にお礼申しあげる．ニホンザルの調査にあたっては，学術捕獲許可を環境省より取得した．また，長期間の調査に同行していただいた望月敬史氏と大橋正孝氏（東京農工大学），および田野尚之氏（東京農業大学）に感謝を申し上げたい．

　また，研究助成の資金援助を（公財）日本自然保護協会，（公財）自然保護助成基金，旧（財）福武学術文化振興財団，（公財）国土地理協会，（財）伊那谷地域社会システム研究所，（財）日本生命財団，全労済，株式会社コメリ，WWF日本委員会からいただいた．深く感謝申しあげる．

　最後になったが，今回の執筆陣には加わっていないが，現地で測量や，群落の毎木調査，土石流堆の岩塊調査，観光客などに関する交通量調査，その他のさまざまな調査を共におこなった，夏や秋の共同調査の参加者にもお礼を申しあげる．

　東海大学出版部の田志口克己さんには，編集に関してご尽力いただき，ようやく出版できるまでになった．また，（公財）自然保護助成基金からは出版助成金の交付を受けた．深く感謝する．貴重な写真や図を提供してくださった方々（お名前は該当箇所に示した）にもお礼を申しあげる．

　文末ではあるが，研究会の設立を提案され，事務局として調査・研究を支え続けてくれた山本信雄さんが2014年秋に急逝された．突然の大きな喪失からわれわれはまだ立ち直ってはいないが，本書の刊行を強く望んでいた山本信雄さんにこの本を捧げる．

責任編集　若松伸彦

事項索引

【ア行】

亜高山域・亜高山帯　38, 39, 41, 46, 72, 124, 131
暖かさの指数　38
一斉林　91
岩坪谷火砕岩　8
永久凍土　13
堰堤　8, 11, 15, 21
大棚溶岩　8
奥又白花崗岩　7, 15
帯工　147, 150-153, 159, 160

【カ行】

河岸段丘　9, 10, 20, 65
攪乱　30, 49, 51, 52, 56, 71, 72, 77, 79, 87, 101, 116, 118, 120-122, 125, 157, 158
花崗岩　4, 5, 32, 44-46, 49, 69, 71
河床上昇　147, 148, 151, 154, 158, 159
上宝火砕流　8
涸沢期　13
カルデラ　4, 5
岩塊　47, 48
完新世　11, 13, 159
岩屑　48
岩屑なだれ　14
岩屑被覆氷河　12
ギャップ　120, 149
凝灰角礫岩　4, 13
極相　77, 149, 159
圏谷　14, 21
懸垂氷河　12
小梓川　9
コアストーン　69
後継樹　46, 51
高山帯　38, 124, 131
洪水　24, 25, 30, 31, 55, 56, 76, 77, 79-81, 84, 87, 90, 97, 98, 101, 107, 121, 125, 147-149, 160
構造土　14
古上高地湖　10
護岸工　56
国立公園　56, 146, 147, 161, 163, 166, 168, 174-177

コールドロン　4

【サ行】

最終氷期　11
砂礫地　40, 55, 56, 93, 124
沢渡コンプレックス　34, 69
蛇籠　149, 157
周氷河作用　14
順応的管理　178-181
浸食崖　68
森林限界　12, 48
水蒸気爆発　47
生態系管理　179
遷移　50, 72, 76, 79, 116, 119, 149
先駆樹種　76, 77, 79, 81, 84, 85, 90-92, 98, 100
線状凹地　15
扇状地　11, 19, 21, 23, 26, 148
遷急点　23
閃緑斑岩　4
掃流　24

【タ行】

堆積岩　7, 34, 44-46, 69, 71
滝谷花崗閃緑岩　5
多重山稜　15
ダム　11, 20, 21, 25, 52, 146-148, 159, 160, 168
地下水　35, 36, 50, 92, 116
沖積錐　11, 14, 26-30, 32-36, 43, 50-52, 54, 56, 62-73, 77-79, 132, 135, 136, 143, 147-149, 159, 160
堤内地　56, 149
電気伝導度　34
天然記念物　146, 160, 163, 168, 174, 176
凍結作用　6, 7, 14
導流堤　52
土石流　10, 15, 16, 22, 24, 27, 29, 45, 48, 52, 56, 63-66, 68, 71, 72, 80, 147, 148, 159, 160

【ナ行】

流山　11, 14
ナショナルトラスト　176

二重山稜　14

【ハ行】
伐採　52, 58, 168
氾濫原　10, 25, 30, 32, 33, 34-36, 40, 41, 48, 53-56, 65, 67, 71, 77-82, 103, 106, 107, 116-120, 122, 125, 146, 149, 159
氷河　6, 13, 21
氷期　6, 12, 21
氷食谷（U字谷）　12-14, 21
フィールドサイン　132
風化　6, 7, 25
不定根　87, 121
布団篭（籠）　87, 149
萌芽　97, 98
放射性炭素年代　77
ホルンフェルス化　45

【マ行】
前穂高溶結凝灰岩　34, 69
マサ　69, 71
マスムーブメント　13
万年雪　12

実生　51, 72, 84, 87, 90-97, 99, 119, 120
美濃帯　7
網状流　20, 21, 31, 82
木片　77
モレーン　12-14, 16

【ヤ行】
湧水　31-36
遊動　133, 135, 140, 142, 144
遊動生活　128
溶岩凝灰岩　4
溶岩ドーム　47
横尾期　12

【ラ行】
林冠　50-52, 71, 75, 82, 106, 115, 117, 118, 120, 121
林床植生　52, 115-118, 121, 123
冷気湖　52
ロウブ　63, 64, 69, 71, 80, 82

【ワ行】
割谷山溶岩　8

生物名索引

【ア行】
アオスゲ *Carex leucochlora*　114
アカギツネ *Vulpes vulpes*　139, 142
アキノキリンソウ *Solidago virgaurea*　104
アサギマダラ *Parantica sita*　103
アズマヤマアザミ *Cirsium microspicatum* var. *microspicatum*　104, 116, 119, 121
アブラガヤ *Scirpus wichurae*　107
イチイ *Taxus cuspidata*　72, 79, 117
イヌコリヤナギ *Salix integra*　89, 98
イヌワシ *Aquila chrysaetos japonica*　139, 140, 142
イワカガミ *Schizocodon soldanelloides*　103

ウラジロモミ *Abies homolepis* var. *soldanelloides*　50, 51, 71, 75-77, 79-82, 107, 117, 119-122, 133, 149
エゾムラサキ *Myosotis sylvatica*　114
エゾヤナギ *Salix rorida*　53, 71, 75, 86, 89-91, 93, 95, 97, 98, 133
エンレイソウ *Trillium apetalon*　103
オオシラビソ *Abies mariesii*　43, 71, 72, 102
オオバコ *Plantago asiatica*　121
オオバコウモリ *Parasenecio hastatus* subsp. *Orientalis*　114, 116, 119, 121
オオバヤナギ *Salix urbaniana*　53, 71, 75, 76, 85, 89, 91, 93, 98, 115
オオヨモギ *Artemisia montana*　114
オククルマムグラ *Galium trifloriforme*　114

オニシモツケ *Filipendula camtschatica*　103, 121
オニノヤガラ *Gastrodia elata*　103
オノエヤナギ *Salix udensis*　89, 91, 98
オンタデ *Aconogonum weyrichii* var. *alpinum*　114

【カ行】

カツラ *Cercidiphyllum japonicum*　48, 71, 104
カミコウチヤナギ *Salix × kamikochica*　89
カラマツ *Larix kaempferi*　26, 45-47, 50, 71, 75-77, 79-81, 104, 117,
カラマツソウ *Thalictrum aquilegifolium* var. *intermedium*　103, 114
キオン *Senecio nemorensis*　103
クサボタン *Clematis stans*　103, 114, 121
クマタカ *Spizaetus nipalensis*　140, 142
クモマツマキチョウ *Anthocharis cardamines*　152
クロベ *Thuja standishii*　43
グンナイフロウ *Geranium onoei* var. *onoei*　103
ケショウヤナギ *Salix arbutifolia*　30, 53, 56, 71, 75, 76, 82, 84, 85, 87, 89-91, 93, 95, 96, 98, 99, 115, 133, 157-159, 163
ゲンノショウコ *Geranium thunbergii*　114
コイトスゲ *Carex sachalinensis* var. *iwakiana*　114
コウシンヤマハッカ *Rabdosia umbrosa* var. *latifolia*　104
コウゾリナ *Picris hieracioides* subsp. *japonica*　114
コウモリソウ *Cacalia maximowitziana*　104
コチャルメルソウ *Mitella pauciflora*　116
ゴマナ *Aster glehnii* var. *hondoensis*　103, 104
コミヤマカタバミ *Oxalis acetosella*　103
コメツガ *Tsuga diversifolia*　43, 50, 71, 133, 144

【サ行】

サギスゲ *Eriophorum gracile*　107
サラシナショウマ *Cimicifuga simplex*　103, 114, 116, 119, 121
サワグルミ *Pterocarya rhoifolia*　43, 48, 66, 133

サンカヨウ *Diphylleia grayi*　103
シギンカラマツソウ *Thalictrum actaeifolium*　114
シコタンハコベ *Stellaria ruscifolia*　124
ジシバリ *Ixeris stolonifera*　114
シナノオトギリ *Hypericum senanense* subsp. *senanense*　114
シナノキ *Tilia japonica*　43, 45, 72
シナノザサ *Sasa senanensis*　47, 51
シナノナデシコ *Hypericum senanense* subsp. *senanense*　103
シャクジョウソウ *Monotropa hypopithys* var. *japonica*　103
ショウキラン *Yoania japonica*　103
シラネセンキュウ *Angelica polymorpha*　114
シラビソ *Abies veitchii*　43, 71, 72, 77, 102
ソバナ *Adenophora remotiflora*　103

【タ行】

タイツリオウギ *Astragalus shinanensis*　114, 124
タガソデソウ *Cerastium pauciflorum* var. *amurense*　103, 114
ダケカンバ *Betula ermanii*　43, 47, 50, 71, 91, 133, 140
タチヤナギ *Salix triandra* subsp. *nipponica*　93, 95, 96
タニガワハンノキ *Alnus inokumae*　50, 71, 75, 91
チョウセンゴヨウ *Pinus koraiensis*　43, 80, 81
ツキノワグマ *Ursus thibetanus japonica*　139, 142
ツルアジサイ *Hydrangea petiolaris*　144
テキリスゲ *Carex kiotensis*　114
トウヒ *Picea jezoensis* var. *hondoensis*　43, 49-51, 71, 77
トチノキ *Aesculus turbinata*　66
ドロノキ *Populus suaveolens*　53, 75, 76, 85-87, 89, 91, 93, 97, 98

【ナ行】

ナナカマド *Sorbus commixta*　104
ナンバンハコベ *Cucubalus baccifer* var. *japonicus*　114
ニホンザル *Macaca fuscata*　128

ニリンソウ *Anemone flaccida*　103, 126
ネコヤナギ *Salix gracilistyla*　89, 91, 98
ノアザミ *Cirsium japonicum*　114
ノコンギク *Aster microcephalus* var. *ovatus*　104, 114
ノリクラアザミ *Cirsium norikurense*　103, 114

【ハ行】

ハイマツ *Pinus pumila*　47
ハシリドコロ *Scopolia japonica*　103
ハマムギ *Elymus dahuricus*　114
ハリギリ *Kalopanax septemlobus*　43
ハルニレ *Ulmus davidiana* var. *japonica*　50, 71, 75-77, 79-82, 107, 115, 117, 119-122, 125, 135, 149
ハンゴンソウ *Senecio cannabifolius*　103, 114, 116, 119
ヒメイチゲ *Anemone debilis*　103
フキ *Petasites japonicus*　114
フッキソウ *Pachysandra terminalis*　114, 121
ブナ *Fagus crenata*　43-45, 52, 102
フユノハナワラビ *Botrychium ternatum*　114
ベニバナイチヤクソウ *Pyrola asarifolia* subsp. *incarnata*　114, 117
ホソバノヤマハハコ *Anaphalis margaritacea* var. *angustifolia*　114
ホッスガヤ *Calamagrostis pseudophragmites*　109, 114

【マ行】

マイヅルソウ *Maianthemum dilatatum*　116, 117
ミヤマイボタ *Ligustrum tschonoskii*　114
ミヤマオトコヨモギ *Artemisia pedunculosa*　114
ミヤマカタバミ *Oxalis griffithii*　103
ミヤマクワガタ *Veronica schmidtiana* subsp. *senanensis*　124
ミヤマトウバナ *Clinopodium micranthum* var. *sachalinense*　114
ミヤマハタザオ *Arabidopsis kamchatica* subsp. *kamchatica*　114

【ヤ行】

ヤチダモ *Fraxinus mandshurica*　76, 135
ヤマエンゴサク *Corydalis lineariloba*　103
ヤマオダマキ *Aquilegia buergeriana* var. *buergeriana*　103
ヤマドリゼンマイ *Osmundastrum cinnamomeum* var. *fokiense*　107
ヤマハハコ *Anaphalis margaritacea* subsp. *margaritacea*　114
ヨツバヒヨドリ *Eupatorium glehnii*　103, 114

【ラ行】

ラショウモンカズラ *Meehania urticifolia*　114, 121
レンゲツツジ *Rhododendron molle* subsp. *japonicum*　107

著者紹介 (掲載順)

島津 弘 (しまづ ひろし)
1962年生まれ
東京大学大学院理学系研究科地理学専攻博士課程修了 博士 (理学)
立正大学地球環境科学部 教授
専門：河川地形学
著書：『自然・社会・ひと』(分担執筆　古今書院　2009年),『屋久島ジオガイド』(編著　山と溪谷社　2016年)

岩田修二 (いわた しゅうじ)
1946年生まれ
東京都立大学大学院理学研究科地理学専攻単位取得中退 理学博士
東京都立大学名誉教授
専門：自然地理学 (氷河地形学・山岳環境)
著書：『山とつきあう』(岩波書店　1997年),『氷河地形学』(東京大学出版会　2011年)

高岡貞夫 (たかおか さだお)
1964年生まれ
東京都立大学大学院理学研究科博士課程単位取得満期退学 博士 (理学)
専修大学文学部環境地理学科 教授
専門：植生地理学
著書：『自然地理学』(分担執筆　ミネルヴァ書房　2014年),『図説日本の山　自然が素晴らしい山50選』(分担執筆　朝倉書店　2012年)

若松伸彦 (わかまつ のぶひこ)
別掲

石川愼吾 (いしかわ しんご)
1952年生まれ
東北大学大学院理学研究科博士課程前期修了 理学博士
専門：植物生態学，植生学
著書：『河川環境と水辺植物』(分担執筆　ソフトサイエンス社　1996年),『シカの脅威と森の未来』(分担執筆　文一総合出版　2015年)

川西基博 (かわにし もとひろ)
1976年生まれ
横浜国立大学環境情報学府博士課程後期修了 博士 (学術)
鹿児島大学教育学系 准教授
専門：植生学
著書：『流域環境を科学する』(分担執筆　古今書院　2011年)

泉山茂之 (いずみやま しげゆき)
1959年生まれ
岐阜大学連合大学院農学研究科修了 農学博士
信州大学先鋭領域研究群 山岳科学研究所 教授
専門：動物生態学
著書：『山の世界』(分担執筆　岩波書店　2004年),『日本のクマ—ヒグマとツキノワグマの生物学』(分担執筆　東京大学出版会　2011年)

山本信雄 (やまもと のぶお)
1956年生まれ
東京農工大学応用昆虫学専攻
元上高地自然史研究会事務局，上高地ビジターセンター，安曇村教育委員会，安曇資料館などに勤務．『安曇村誌』『上高地自然解説マニュアル』などを編集．
2014年11月逝去

目代邦康 (もくだい くにやす)
1971年生まれ
京都大学大学院理学研究科地球惑星科学専攻博士課程修了 博士 (理学)
日本ジオサービス株式会社代表取締役・日本ジオパークネットワーク主任研究員
専門：自然保護論，斜面地形学
著書：『増補版地層の見方がわかる　フィールド図鑑』(共著　誠文堂新光社　2015年),『地形探検図鑑』(誠文堂新光社　2011年)

編者紹介

上高地自然史研究会（かみこうちしぜんしけんきゅうかい）
1991年2月設立
長野県上高地地域の自然環境を調査する研究グループ

責任編集者

若松伸彦（わかまつ のぶひこ）
1977年生まれ
横浜国立大学環境情報学府博士課程後期修了　博士（環境学）
横浜国立大学環境情報研究院 産学官連携研究員，山梨県南アルプス市ユネスコエコパーク専門員他
専門：植生学，植生地理学
著書：『微地形学』（分担執筆　古今書院　2016年）

装丁　中野達彦
カバーイラスト　北村公司

上高地の自然誌―地形の変化と河畔林の動態・保全

2016年8月30日　第1版第1刷発行

編　者　上高地自然史研究会
発行者　橋本敏明
発行所　東海大学出版部
〒259-1292　神奈川県平塚市北金目4-1-1
TEL 0463-58-7811　FAX 0463-58-7833
URL http://www.press.tokai.ac.jp/
振替　00100-5-46614
印刷所　株式会社真興社
製本所　誠製本株式会社

Ⓒ Research Group for Natural History in Kamikochi, 2016　　ISBN978-4-486-02106-3

Ⓡ〈日本複製権センター委託出版物〉
本書の全部または一部を無断で複写複製（コピー）することは，著作権法上の例外を除き，禁じられています．本書から複写複製する場合は日本複製権センターへご連絡のうえ，許諾を得てください．日本複製権センター（電話03-3401-2382）